RAPHAEL'S ASTRO

Ephemeris of the P

for 2001

A Complete Aspectarian

Mean Obliquity of the Ecliptic, 2001, 23° 26′ 21″

INTRODUCTION

Greenwich Mean Time (G.M.T.) has been used as the basis for all tabulations and times. The tabular data are for Greenwich Mean Time 12h., except for the Moon tabulations headed 24h. All phenomena and aspect times are now in G.M.T. To obtain Local Mean Time of aspect, add the time equivalent of the longitude if East and subtract if West.

Both in the Aspectarian and the Phenomena the 24-hour clock replaces the old a.m./p.m. system.

The zodiacal sign entries are now incorporated in the Aspectarian instead of being given in a separate table.

BRITISH SUMMER TIME

British Summer Time begins on March 25 and ends on October 28. When *British Summer Time* (one hour in advance of G.M.T.) is used, subtract one hour from B.S.T. before entering this Ephemeris.

These dates are believed to be correct at the time of printing.

Printed in Great Britain

ISBN 0-572-02548-3

Published by

LONDON: W. FOULSHAM & CO. LTD.

BENNETTS CLOSE, SLOUGH, BERKS. ENGLAND

NEW YORK TORONTO CAPE TOWN SYDNEY

NEW MOON–Jan.24, 13h.07m. (4°♒37′)

D M	D W	Sidereal Time	☉ Long.	☉ Dec.	☽ Long.	☽ Lat.	☽ Dec.	☽ Node	24h. ☽ Long.	24h. ☽ Dec.
		h m s	° ′ ″	° ′	° ′ ″	° ′	° ′	° ′	° ′ ″	° ′
1	M	18 44 50	11 ♑ 08 35	22 S 58	24 ♓ 46 34	4 S 58	6 S 38	15 ♋ 40	0 ♈ 54 24	4 S 21
2	T	18 48 46	12 09 45	22 53	7 ♈ 06 25	5 15	2 S 00	15 37	13 23 09	0 N 24
3	W	18 52 43	13 10 54	22 47	19 45 08	5 17	2 N 50	15 33	26 12 51	5 16
4	Th	18 56 39	14 12 03	22 41	2 ♉ 46 45	5 04	7 40	15 30	9 ♉ 27 10	10 02
5	F	19 00 36	15 13 12	22 34	16 14 22	4 34	12 19	15 27	23 08 30	14 29
6	S	19 04 33	16 14 20	22 27	0 ♊ 09 34	3 47	16 29	15 24	7 ♊ 17 23	18 17
7	Su	19 08 29	17 15 28	22 19	14 31 39	2 44	19 49	15 21	21 51 50	21 04
8	M	19 12 26	18 16 36	22 11	29 17 16	1 29	21 57	15 18	6 ♋ 47 05	22 27
9	T	19 16 22	19 17 44	22 03	14 ♋ 20 16	0 S 07	22 33	15 14	21 55 42	22 14
10	W	19 20 19	20 18 51	21 54	29 32 10	1 N 17	21 30	15 11	7 ♌ 08 26	20 23
11	Th	19 24 15	21 19 58	21 45	14 ♌ 43 17	2 35	18 54	15 08	22 15 33	17 05
12	F	19 28 12	22 21 04	21 35	29 44 11	3 42	15 02	15 05	7 ♍ 08 15	12 45
13	S	19 32 08	23 22 11	21 25	14 ♍ 27 02	4 32	10 18	15 02	21 39 55	7 45
14	Su	19 36 05	24 23 17	21 14	28 46 32	5 04	5 N 08	14 59	5 ♎ 46 38	2 N 30
15	M	19 40 02	25 24 23	21 03	12 ♎ 40 10	5 17	0 S 08	14 55	19 27 10	2 S 43
16	T	19 43 58	26 25 29	20 52	26 07 52	5 12	5 14	14 52	2 ♏ 42 32	7 39
17	W	19 47 55	27 26 35	20 40	9 ♏ 11 31	4 51	9 57	14 49	15 35 14	12 07
18	Th	19 51 51	28 27 41	20 28	21 54 08	4 16	14 07	14 46	28 08 41	15 57
19	F	19 55 48	29 ♑ 28 46	20 16	4 ♐ 19 20	3 29	17 35	14 43	10 ♐ 26 34	19 00
20	S	19 59 44	0 ♒ 29 51	20 03	16 30 49	2 34	20 12	14 39	22 32 32	21 10
21	Su	20 03 41	1 30 56	19 49	28 32 06	1 33	21 53	14 36	4 ♑ 29 55	22 21
22	M	20 07 37	2 32 00	19 36	10 ♑ 26 19	0 N 28	22 33	14 33	16 21 39	22 31
23	T	20 11 34	3 33 03	19 22	22 16 12	0 S 37	22 12	14 30	28 10 16	21 39
24	W	20 15 31	4 34 05	19 07	4 ♒ 04 06	1 41	20 52	14 27	9 ♒ 57 58	19 51
25	Th	20 19 27	5 35 07	18 52	15 52 07	2 40	18 37	14 24	21 46 47	17 12
26	F	20 23 24	6 36 08	18 37	27 42 14	3 32	15 35	14 20	3 ♓ 38 42	13 49
27	S	20 27 20	7 37 08	18 22	9 ♓ 36 28	4 16	11 55	14 17	15 35 50	9 52
28	Su	20 31 17	8 38 07	18 06	21 37 06	4 48	7 44	14 14	27 40 36	5 30
29	M	20 35 13	9 39 05	17 50	3 ♈ 46 41	5 08	3 S 13	14 11	9 ♈ 55 45	0 S 52
30	T	20 39 10	10 40 01	17 34	16 08 11	5 14	1 N 30	14 08	22 24 25	3 N 54
31	W	20 43 06	11 ♒ 40 56	17 S 17	28 ♈ 44 52	5 S 06	6 N 16	14 ♋ 04	5 ♉ 09 58	8 N 36

D M	Mercury Lat.	Mercury Dec.	Mercury Dec.	Venus Lat.	Venus Dec.	Venus Dec.	Mars Lat.	Mars Dec.	Mars Dec.	Jupiter Lat.	Jupiter Dec.
	° ′	° ′	° ′	° ′	° ′	° ′	° ′	° ′	° ′	° ′	° ′
1	2 S 00	24 S 34	24 S 25	1 S 29	13 S 44	13 S 17	1 N 15	12 S 05	12 S 17	0 S 48	19 N 48
3	2 04	24 14	24 01	1 21	12 51	12 24	1 15	12 28	12 40	0 48	19 47
5	2 07	23 47	23 31	1 13	11 56	11 29	1 15	12 51	13 03	0 47	19 46
7	2 08	23 14	22 56	1 05	11 01	10 34	1 14	13 14	13 25	0 47	19 44
9	2 07	22 35	22 13	0 55	10 06	9 37	1 14	13 36	13 47	0 46	19 44
11	2 05	21 50	21 25	0 45	9 09	8 41	1 13	13 58	14 09	0 46	19 43
13	2 00	20 59	20 31	0 35	8 12	7 43	1 13	14 20	14 30	0 45	19 42
15	1 53	20 02	19 31	0 24	7 15	6 46	1 13	14 41	14 51	0 45	19 42
17	1 43	18 59	18 26	0 S 12	6 17	5 48	1 12	15 02	15 12	0 44	19 42
19	1 30	17 52	17 16	0 00	5 19	4 50	1 11	15 22	15 32	0 44	19 42
21	1 15	16 40	16 03	0 N 12	4 21	3 52	1 11	15 42	15 52	0 43	19 42
23	0 55	15 26	14 49	0 25	3 22	2 53	1 10	16 02	16 11	0 43	19 42
25	0 33	14 11	13 34	0 39	2 24	1 55	1 10	16 21	16 30	0 42	19 42
27	0 S 07	12 58	12 22	0 53	1 26	0 S 58	1 09	16 39	16 49	0 42	19 43
29	0 N 23	11 48	11 S 16	1 08	0 S 29	0 00	1 08	16 58	17 S 06	0 41	19 44
31	0 N 55	10 S 46		1 N 23	0 N 28		1 N 07	17 S 15		0 S 41	19 N 45

FIRST QUARTER–Jan. 2, 22h.32m. (12°♈37′)

FULL MOON–Jan. 9, 20h.24m. (19°♋39′)

D M	☿ Long.	♀ Long.	♂ Long.	♃ Long.	♄ Long.	♅ Long.	♆ Long.	♇ Long.
	° ′	° ′	° ′	° ′	° ′	° ′	° ′	° ′
1	15♑05	27♒31	5♏14	2♊09	24♉34	18♒40	5♒21	13♐47
2	16 43	28 37	5 49	2R 04	24R 32	18 43	5 23	13 49
3	18 21	29♒43	6 24	2 00	24 29	18 46	5 25	13 51
4	19 59	0♓49	6 59	1 56	24 27	18 49	5 27	13 53
5	21 37	1 54	7 34	1 52	24 25	18 52	5 29	13 55
6	23 16	2 59	8 08	1 48	24 23	18 55	5 31	13 57
7	24 55	4 03	8 43	1 44	24 21	18 59	5 34	14 00
8	26 35	5 08	9 18	1 40	24 19	19 02	5 36	14 02
9	28 14	6 12	9 53	1 37	24 17	19 05	5 38	14 04
10	29♑54	7 16	10 27	1 34	24 15	19 08	5 40	14 06
11	1♒34	8 19	11 02	1 31	24 14	19 11	5 42	14 07
12	3 14	9 22	11 36	1 28	24 12	19 14	5 45	14 09
13	4 53	10 25	12 11	1 26	24 11	19 17	5 47	14 11
14	6 33	11 27	12 45	1 23	24 10	19 21	5 49	14 13
15	8 12	12 29	13 19	1 21	24 09	19 24	5 51	14 15
16	9 51	13 31	13 53	1 19	24 08	19 27	5 54	14 17
17	11 29	14 32	14 28	1 18	24 07	19 30	5 56	14 19
18	13 06	15 33	15 02	1 16	24 06	19 34	5 58	14 21
19	14 42	16 33	15 36	1 15	24 05	19 37	6 00	14 22
20	16 17	17 33	16 10	1 14	24 05	19 40	6 03	14 24
21	17 50	18 33	16 44	1 13	24 04	19 44	6 05	14 26
22	19 20	19 32	17 17	1 12	24 04	19 47	6 07	14 28
23	20 48	20 30	17 51	1 12	24 04	19 50	6 10	14 29
24	22 12	21 28	18 25	1 11	24 04	19 54	6 12	14 31
25	23 33	22 26	18 58	1D 11	24D 04	19 57	6 14	14 33
26	24 49	23 23	19 32	1 11	24 04	20 01	6 16	14 34
27	25 59	24 19	20 05	1 12	24 04	20 04	6 19	14 36
28	27 04	25 15	20 38	1 12	24 04	20 07	6 21	14 37
29	28 02	26 10	21 12	1 13	24 05	20 11	6 23	14 39
30	28 52	27 05	21 45	1 14	24 05	20 14	6 25	14 40
31	29♒33	27♓59	22♏18	1♊15	24♉06	20♒18	6♒28	14♐42

Lunar Aspects

D	☉	☿	♀	♂	♃	♄	♅	♆	♇
1			⚺	⚼		✱		∠	
2	□				✱	∠	∠	✱	
3		□	∠		∠	⚺	✱		△
4			✱	☍	⚺			□	⚼
5	△	△					□		
6	⚼		□		☌	☌		△	
7		⚼					△	⚼	☍
8			△	⚼	⚺	⚺	⚼		
9	☍		⚼	△	∠	∠			
10		☍			✱	✱		☍	⚼
11				□			☍		△
12					□	□			
13	⚼	⚼	☍	✱				⚼	□
14	△			∠	△	△	⚼		
15		△		⚺	⚼	⚼	△	△	✱
16	□		⚼						∠
17		□	△	☌				□	⚺
18						☍	□		
19	✱				☍			✱	
20	∠	✱	□	⚺			✱	∠	☌
21	⚺	∠		∠					
22					⚼	⚼	∠	⚺	⚺
23		⚺	✱	✱		△	⚺		
24	☌		∠		△			☌	∠
25				□			☌		✱
26		☌	⚺		□	□			
27	⚺							⚺	□
28	∠	⚺	☌	△		✱	⚺	∠	
29				⚼	✱	∠	∠	✱	
30	✱	∠			∠		✱		△
31		✱	⚺		⚺	⚺			⚼

D M	Saturn Lat.	Saturn Dec.	Uranus Lat.	Uranus Dec.	Neptune Lat.	Neptune Dec.	Pluto Lat.	Pluto Dec.
	° ′	° ′	° ′	° ′	° ′	° ′	° ′	° ′
1	2S12	16N47	0S41	15S53	0N10	18S46	10N19	12S13
3	2 11	16 46	0 41	15 51	0 10	18 45	10 19	12 13
5	2 11	16 46	0 41	15 49	0 10	18 44	10 19	12 13
7	2 10	16 45	0 41	15 47	0 10	18 43	10 19	12 13
9	2 10	16 45	0 41	15 45	0 10	18 42	10 20	12 14
11	2 09	16 45	0 41	15 43	0 10	18 41	10 20	12 14
13	2 09	16 44	0 41	15 41	0 10	18 40	10 20	12 14
15	2 08	16 44	0 41	15 39	0 10	18 39	10 20	12 14
17	2 07	16 44	0 41	15 37	0 10	18 38	10 21	12 14
19	2 07	16 45	0 41	15 35	0 10	18 37	10 21	12 14
21	2 06	16 45	0 41	15 33	0 10	18 35	10 21	12 14
23	2 06	16 45	0 41	15 30	0 10	18 34	10 22	12 14
25	2 05	16 46	0 41	15 28	0 10	18 33	10 22	12 15
27	2 05	16 46	0 41	15 26	0 10	18 32	10 22	12 14
29	2 04	16 47	0 41	15 24	0 10	18 31	10 23	12 14
31	2S03	16N48	0S41	15S22	0N10	18S30	10N23	12S14

Mutual Aspects

1 ♂□♆.
2 ☿⚼♃. ♂∥♇.
3 ☉⊥♅. ☿Q♂. ☿⚺♅.
4 ☉⚺♇. ☿⊥♇. ♀∥♂. ♀∥♇.
5 ♀□♃. 6 ♂⊥♇.
7 ☉⚼♃. ☿△♄.
8 ♀⚺♆. 9 ☉⚺♅.
10 ☉⊥♇. ☿∠♇.
11 ☿△♃. ☉∥☿.
12 ☿⊥♀.
14 ☉△♄. ☿☌♆. ♀⊥♆.
15 ☉Q♂. ♀Q♄.
16 ☿⋕♃.
17 ♀△♂. ♀□♇. ♂⚺♇.
18 ☿∥♆.
19 ☉∠♇. ☿✱♇.
20 ☿□♂. ♂∥♅.
21 ☉△♃. ☿⋕♄.
22 ☿⚺♀. ☿☌♅. ♀Q♃. ♀⚺♅. ☉⋕♃. ☿∥♂.
23 ☿∥♅. 24 ♀∠♆.
25 ☿□♄. ♃Stat. ♄Stat.
26 ☉☌♆. ☉∥♆.
27 ♀✱♄. ♂□♅.
28 ☿Q♇. ☿∥♇. ♂⋕♄.
29 ♀⊥♅. 31 ☉∥♂.

LAST QUARTER–Jan.16, 12h.35m. (26°♎27′)

NEW MOON–Feb.23, 08h.21m. (4° ♓ 47′)

D M	D W	Sidereal Time	☉ Long.	☉ Dec.	☽ Long.	☽ Lat.	☽ Dec.	☽ Node	24h. ☽ Long.	24h. ☽ Dec.
		h m s	° ′ ″	° ′	° ′ ″	° ′	° ′	° ′	° ′ ″	° ′
1	Th	20 47 03	12 ♒ 41 50	17 S 00	11 ♉ 40 10	4 S 41	10 N52	14 ♋ 01	18 ♉ 15 51	13 N03
2	F	20 51 00	13 42 43	16 43	24 57 22	4 02	15 05	13 58	1 ♊ 45 02	16 59
3	S	20 54 56	14 43 34	16 25	8 ♊ 39 05	3 07	18 40	13 55	15 39 37	20 06
4	Su	20 58 53	15 44 24	16 07	22 46 37	2 00	21 15	13 52	29 59 56	22 04
5	M	21 02 49	16 45 13	15 49	7 ♋ 19 14	0 S 43	22 31	13 49	14 ♋ 43 59	22 35
6	T	21 06 46	17 46 00	15 30	22 13 29	0 N38	22 14	13 45	29 46 50	21 29
7	W	21 10 42	18 46 46	15 12	7 ♌ 22 58	1 58	20 20	13 42	15 ♌ 00 43	18 49
8	Th	21 14 39	19 47 30	14 53	22 38 45	3 10	16 58	13 39	0 ♍ 15 46	14 50
9	F	21 18 35	20 48 13	14 34	7 ♍ 50 26	4 08	12 28	13 36	15 21 31	9 56
10	S	21 22 32	21 48 55	14 14	22 47 55	4 48	7 16	13 33	0 ♎ 08 39	4 N33
11	Su	21 26 29	22 49 36	13 54	7 ♎ 22 59	5 09	1 N48	13 30	14 30 21	0 S56
12	M	21 30 25	23 50 15	13 34	21 30 26	5 09	3 S36	13 26	28 23 05	6 11
13	T	21 34 22	24 50 54	13 14	5 ♏ 08 22	4 52	8 39	13 23	11 ♏ 46 29	10 58
14	W	21 38 18	25 51 31	12 54	18 17 47	4 20	13 07	13 20	24 42 41	15 05
15	Th	21 42 15	26 52 07	12 33	1 ♐ 01 44	3 35	16 51	13 17	7 ♐ 15 30	18 24
16	F	21 46 11	27 52 42	12 13	13 24 36	2 42	19 44	13 14	19 29 40	20 49
17	S	21 50 08	28 53 16	11 52	25 31 19	1 43	21 39	13 10	1 ♑ 30 10	22 14
18	Su	21 54 04	29 ♒ 53 49	11 30	7 ♑ 26 49	0 N40	22 34	13 07	13 21 49	22 38
19	M	21 58 01	0 ♓ 54 20	11 09	19 15 43	0 S 24	22 27	13 04	25 09 00	22 01
20	T	22 01 58	1 54 50	10 48	1 ♒ 02 05	1 27	21 20	13 01	6 ♒ 55 24	20 26
21	W	22 05 54	2 55 18	10 26	12 49 18	2 26	19 17	12 58	18 44 05	17 57
22	Th	22 09 51	3 55 45	10 04	24 40 02	3 18	16 25	12 55	0 ♓ 37 22	14 42
23	F	22 13 47	4 56 10	9 42	6 ♓ 36 18	4 02	12 50	12 51	12 37 01	10 50
24	S	22 17 44	5 56 33	9 20	18 39 39	4 36	8 43	12 48	24 44 22	6 30
25	Su	22 21 40	6 56 55	8 58	0 ♈ 51 17	4 58	4 S 13	12 45	7 ♈ 00 32	1 S 52
26	M	22 25 37	7 57 15	8 35	13 12 17	5 06	0 N31	12 42	19 26 41	2 N55
27	T	22 29 33	8 57 33	8 13	25 43 55	4 59	5 18	12 39	2 ♉ 04 11	7 39
28	W	22 33 30	9 ♓ 57 49	7 S 50	8 ♉ 27 43	4 S 38	9 N56	12 ♋ 36	14 ♉ 54 47	12 N08

D M	Mercury Lat.	Mercury Dec.		Venus Lat.	Venus Dec.		Mars Lat.	Mars Dec.		Jupiter Lat.	Jupiter Dec.
	° ′	° ′	° ′	° ′	° ′	° ′	° ′	° ′	° ′	° ′	° ′
1	1 N11	10 S 19	9 S 56	1 N 31	0 N56	1 N25	1 N 07	17 S 24	17 S 33	0 S 41	19 N45
3	1 46	9 35	9 19	1 47	1 53	2 20	1 06	17 41	17 49	0 40	19 46
5	2 19	9 07	9 00	2 04	2 48	3 15	1 05	17 58	18 06	0 40	19 48
7	2 50	8 57	8 58	2 21	3 43	4 09	1 05	18 14	18 22	0 39	19 49
9	3 16	9 05	9 15	2 38	4 36	5 02	1 04	18 30	18 37	0 39	19 51
11	3 33	9 29	9 46	2 56	5 28	5 54	1 03	18 45	18 52	0 38	19 52
13	3 42	10 06	10 28	3 15	6 19	6 44	1 02	19 00	19 07	0 38	19 54
15	3 41	10 51	11 15	3 33	7 09	7 33	1 01	19 14	19 21	0 37	19 56
17	3 32	11 39	12 03	3 53	7 56	8 20	0 59	19 28	19 35	0 37	19 59
19	3 15	12 26	12 48	4 12	8 42	9 04	0 58	19 42	19 48	0 36	20 01
21	2 54	13 09	13 28	4 32	9 26	9 47	0 57	19 55	20 01	0 36	20 03
23	2 29	13 45	14 01	4 52	10 08	10 28	0 56	20 07	20 13	0 36	20 06
25	2 03	14 15	14 27	5 12	10 47	11 05	0 54	20 19	20 25	0 35	20 08
27	1 37	14 37	14 46	5 32	11 23	11 40	0 53	20 31	20 37	0 35	20 11
29	1 10	14 52	14 S 57	5 52	11 56	12 N12	0 52	20 42	20 S 48	0 34	20 14
31	0 N45	15 S 00		6 N 11	12 N26		0 N 50	20 S 53		0 S 34	20 N17

FIRST QUARTER–Feb. 1, 14h.02m. (12° ♉ 47′)

FULL MOON–Feb. 8, 07h.12m. (19°♌35′)

D M	☿ Long.	♀ Long.	♂ Long.	♃ Long.	♄ Long.	♅ Long.	♆ Long.	♇ Long.	☉	☿	♀	♂	♃	♄	♅	♆	♇
	° ′	° ′	° ′	° ′	° ′	° ′	° ′	° ′									
1	0♓06	28♓52	22♏51	1♊17	24♉07	20♒21	6♒30	14♐43	□		∠					□	
2	0 28	29♓44	23 23	1 18	24 08	20 25	6 32	14 45		□	✱	☍	☌	☌	□		
3	0 40	0♈36	23 56	1 20	24 09	20 28	6 35	14 46	△							△	☍
4	0R 41	1 27	24 29	1 22	24 10	20 32	6 37	14 48						⊻	△	Q	
5	0 31	2 17	25 01	1 24	24 11	20 35	6 39	14 49	Q	△	□	Q	⊻	∠	Q		
6	0♓09	3 06	25 34	1 26	24 12	20 39	6 41	14 50		Q		△	∠	✱			
7	29♒38	3 55	26 06	1 29	24 14	20 42	6 44	14 52			△		✱			☍	△
8	28 56	4 42	26 38	1 32	24 15	20 46	6 46	14 53	☍	☍	Q	□		□	☍		
9	28 06	5 29	27 10	1 35	24 17	20 49	6 48	14 54					□				□
10	27 08	6 15	27 42	1 38	24 19	20 52	6 50	14 55				✱		△		Q	
11	26 04	6 59	28 14	1 41	24 21	20 56	6 52	14 56	Q	Q	☍	∠	△	Q	Q	△	
12	24 57	7 43	28 46	1 45	24 23	20 59	6 55	14 58	△	△			Q		△		✱
13	23 47	8 25	29 18	1 48	24 25	21 03	6 57	14 59				⊻				□	∠
14	22 37	9 07	29♏49	1 52	24 27	21 06	6 59	15 00		□	Q			☍	□		⊻
15	21 29	9 47	0♐21	1 56	24 29	21 10	7 01	15 01	□			☌	☍			✱	
16	20 24	10 26	0 52	2 01	24 32	21 13	7 03	15 02			△						☌
17	19 24	11 03	1 23	2 05	24 34	21 17	7 06	15 03	✱	✱					✱	∠	
18	18 29	11 40	1 54	2 10	24 37	21 20	7 08	15 04		∠	□	⊻		Q	∠	⊻	
19	17 41	12 15	2 25	2 14	24 40	21 24	7 10	15 05	∠	⊻		∠	Q	△	⊻		⊻
20	17 00	12 48	2 56	2 19	24 43	21 27	7 12	15 06	⊻			✱	△				∠
21	16 26	13 20	3 27	2 25	24 46	21 31	7 14	15 06		☌	✱					☌	✱
22	15 59	13 51	3 57	2 30	24 49	21 34	7 16	15 07			∠			□	☌		
23	15 41	14 20	4 28	2 35	24 52	21 37	7 18	15 08	☌			□	□			⊻	
24	15 29	14 47	4 58	2 41	24 55	21 41	7 20	15 09		⊻	⊻				⊻	∠	□
25	15 25	15 13	5 28	2 47	24 58	21 44	7 22	15 09		∠		△	✱	✱	∠		
26	15D 27	15 37	5 58	2 53	25 02	21 48	7 24	15 10	⊻	✱	☌		∠	∠		✱	△
27	15 36	15 59	6 27	2 59	25 05	21 51	7 26	15 11	∠			Q		⊻	✱		Q
28	15♒50	16♈19	6♐57	3♊05	25♉09	21♒54	7♒28	15♐11	✱				⊻			□	

D M	Saturn Lat.	Saturn Dec.	Uranus Lat.	Uranus Dec.	Neptune Lat.	Neptune Dec.	Pluto Lat.	Pluto Dec.
	° ′	° ′	° ′	° ′	° ′	° ′	° ′	° ′
1	2S03	16N49	0S41	15S21	0N10	18S29	10N23	12S14
3	2 03	16 50	0 41	15 18	0 10	18 28	10 24	12 14
5	2 02	16 51	0 41	15 16	0 10	18 27	10 24	12 14
7	2 01	16 52	0 41	15 14	0 10	18 26	10 25	12 14
9	2 01	16 53	0 41	15 12	0 10	18 25	10 25	12 14
11	2 00	16 55	0 41	15 10	0 10	18 24	10 25	12 14
13	2 00	16 56	0 41	15 07	0 10	18 23	10 26	12 13
15	1 59	16 58	0 41	15 05	0 10	18 22	10 26	12 13
17	1 59	17 00	0 41	15 03	0 10	18 21	10 27	12 13
19	1 58	17 02	0 41	15 01	0 10	18 19	10 27	12 12
21	1 58	17 03	0 41	14 59	0 10	18 18	10 28	12 12
23	1 57	17 05	0 41	14 56	0 10	18 17	10 28	12 12
25	1 56	17 08	0 41	14 54	0 10	18 16	10 29	12 11
27	1 56	17 10	0 41	14 52	0 10	18 15	10 29	12 11
29	1 55	17 12	0 41	14 50	0 10	18 14	10 30	12 11
31	1S55	17N14	0S41	14S48	0N10	18S13	10N30	12S10

Mutual Aspects

2 ☉ # ♄.
3 ☉✱♇. ☿⊻♀. ♂☍♄.
4 ♀✱♃. ♂Q♆. ☿Stat.
7 ☉ ∥ ♅.
8 ☉∠♀. ☿⊥♀. ♂ ∥ ♆.
9 ☉☌♅. ♀∠♅.
10 ☿□♂. ☿Q♇.
11 ♀✱♆.
12 ☿□♄.
13 ☉☌☿. ☉□♄. ☿∠♀.
15 ☉Q♇. ☿☌♅. ♀∠♄.
16 ☉ ∥ ♇.
17 ☉ ∥ ☿.
18 ☿ ∥ ♇.
19 ♂☍♃.
20 ☉□♃.
22 ☉□♂. ☿Q♂. ☉ # ♀.
23 ♂ # ♃.
25 ☉⊻♆. ☿✱♀. ♀△♇. ☿Stat.

LAST QUARTER–Feb.15, 03h.23m. (26°♏30′)

NEW MOON–Mar.25, 01h.21m. (4°♈28′)

D M	D W	Sidereal Time	☉ Long.	☉ Dec.	☽ Long.	☽ Lat.	☽ Dec.	☽ Node	24h. ☽ Long.	24h. ☽ Dec.
		h m s	° ′ ″	° ′	° ′ ″	° ′	° ′	° ′	° ′ ″	° ′
1	Th	22 37 27	10 ♓ 58 03	7 S27	21 ♉ 25 38	4 S02	14 N13	12 ♋ 32	28 ♉ 00 35	16 N09
2	F	22 41 23	11 58 15	7 04	4 ♊ 39 54	3 13	17 55	12 29	11 ♊ 23 54	19 27
3	S	22 45 20	12 58 25	6 41	18 12 48	2 11	20 44	12 26	25 06 50	21 44
4	Su	22 49 16	13 58 33	6 18	2 ♋ 06 09	1 S01	22 24	12 23	9 ♋ 10 48	22 44
5	M	22 53 13	14 58 39	5 55	16 20 43	0 N15	22 41	12 20	23 35 41	22 15
6	T	22 57 09	15 58 42	5 32	0 ♌ 55 21	1 31	21 26	12 16	8 ♌ 19 11	20 15
7	W	23 01 06	16 58 44	5 09	15 46 28	2 43	18 42	12 13	23 16 18	16 50
8	Th	23 05 02	17 58 43	4 45	0 ♍ 47 41	3 44	14 41	12 10	8 ♍ 19 27	12 17
9	F	23 08 59	18 58 41	4 22	15 50 24	4 29	9 43	12 07	23 19 18	7 01
10	S	23 12 56	19 58 36	3 58	0 ♎ 44 56	4 56	4 N14	12 04	8 ♎ 06 14	1 N24
11	Su	23 16 52	20 58 30	3 35	15 22 13	5 03	1 S24	12 01	22 32 06	4 S09
12	M	23 20 49	21 58 21	3 11	29 35 17	4 50	6 48	11 57	6 ♏ 31 24	9 19
13	T	23 24 45	22 58 12	2 47	13 ♏ 20 16	4 21	11 41	11 54	20 01 53	13 53
14	W	23 28 42	23 58 00	2 24	26 36 25	3 38	15 51	11 51	3 ♐ 04 12	17 37
15	Th	23 32 38	24 57 47	2 00	9 ♐ 25 41	2 46	19 08	11 48	15 41 24	20 24
16	F	23 36 35	25 57 32	1 36	21 51 57	1 47	21 24	11 45	27 57 59	22 09
17	S	23 40 31	26 57 15	1 13	4 ♑ 00 11	0 N45	22 38	11 42	9 ♑ 59 15	22 51
18	Su	23 44 28	27 56 57	0 49	15 55 53	0 S18	22 48	11 38	21 50 45	22 29
19	M	23 48 25	28 56 37	0 25	27 44 31	1 20	21 55	11 35	3 ♒ 37 47	21 07
20	T	23 52 21	29 ♓ 56 15	0 S01	9 ♒ 31 10	2 18	20 05	11 32	15 25 09	18 51
21	W	23 56 18	0 ♈ 55 51	0 N22	21 20 16	3 10	17 24	11 29	27 16 55	15 45
22	Th	0 00 14	1 55 25	0 46	3 ♓ 15 28	3 55	13 57	11 26	9 ♓ 16 14	12 00
23	F	0 04 11	2 54 58	1 10	15 19 28	4 29	9 55	11 22	21 25 21	7 43
24	S	0 08 07	3 54 28	1 33	27 34 02	4 51	5 25	11 19	3 ♈ 45 35	3 S03
25	Su	0 12 04	4 53 57	1 57	10 ♈ 00 04	5 00	0 S38	11 16	16 17 28	1 N48
26	M	0 16 00	5 53 23	2 20	22 37 46	4 54	4 N15	11 13	29 00 57	6 40
27	T	0 19 57	6 52 48	2 44	5 ♉ 26 58	4 34	9 02	11 10	11 ♉ 55 48	11 19
28	W	0 23 54	7 52 10	3 07	18 27 26	3 59	13 29	11 07	25 01 51	15 31
29	Th	0 27 50	8 51 30	3 31	1 ♊ 39 08	3 11	17 23	11 03	8 ♊ 19 18	19 01
30	F	0 31 47	9 50 48	3 54	15 02 29	2 11	20 25	11 00	21 48 45	21 33
31	S	0 35 43	10 ♈ 50 03	4 N17	28 ♊ 38 16	1 S04	22 N22	10 ♋ 57	5 ♋ 31 08	22 N52

D M	Mercury Lat.	Mercury Dec.		Venus Lat.	Venus Dec.		Mars Lat.	Mars Dec.		Jupiter Lat.	Jupiter Dec.
	° ′	° ′	° ′	° ′	° ′	° ′	° ′	° ′	° ′	° ′	° ′
1	1 N10	14 S52	14 S57	5 N52	11 N56	12 N12	0 N52	20 S42	20 S48	0 S34	20 N14
3	0 45	15 00	15 01	6 11	12 26	12 40	0 50	20 53	20 58	0 34	20 17
5	0 20	15 00	14 58	6 31	12 52	13 04	0 48	21 03	21 09	0 33	20 20
7	0 S02	14 54	14 48	6 49	13 14	13 23	0 47	21 13	21 18	0 33	20 23
9	0 24	14 41	14 32	7 07	13 32	13 38	0 45	21 23	21 28	0 33	20 27
11	0 43	14 22	14 10	7 24	13 44	13 48	0 43	21 32	21 37	0 32	20 30
13	1 01	13 56	13 41	7 39	13 51	13 53	0 41	21 41	21 45	0 32	20 33
15	1 18	13 25	13 07	7 52	13 53	13 52	0 39	21 50	21 54	0 31	20 37
17	1 32	12 48	12 27	8 03	13 49	13 44	0 37	21 58	22 02	0 31	20 40
19	1 45	12 06	11 42	8 12	13 39	13 31	0 35	22 06	22 09	0 31	20 44
21	1 56	11 18	10 52	8 17	13 22	13 12	0 33	22 13	22 17	0 30	20 47
23	2 05	10 25	9 56	8 20	13 00	12 47	0 30	22 20	22 24	0 30	20 51
25	2 12	9 26	8 55	8 18	12 32	12 17	0 28	22 27	22 31	0 30	20 55
27	2 18	8 23	7 50	8 14	11 59	11 41	0 25	22 34	22 37	0 29	20 58
29	2 22	7 15	6 S40	8 05	11 22	11 N02	0 22	22 40	22 S43	0 29	21 02
31	2 S24	6 S03		7 N53	10 N41		0 N19	22 S46		0 S29	21 N06

FIRST QUARTER–Mar. 3, 02h.03m. (12°♊33′)

FULL MOON–Mar. 9, 17h.23m. (19°♍12′)

D M	☿ Long.	♀ Long.	♂ Long.	♃ Long.	♄ Long.	♅ Long.	♆ Long.	♇ Long.	☉	☿	♀	♂	♃	♄	♅	♆	♇
	° ′	° ′	° ′	° ′	° ′	° ′	° ′	° ′									
1	16♒11	16♈37	7♐26	3♊12	25♉13	21♒58	7♒30	15♐12		□	⊻			☌	□		
2	16 36	16 53	7 56	3 19	25 17	22 01	7 32	15 13			∠	☍	☌			△	
3	17 07	17 07	8 25	3 25	25 21	22 04	7 34	15 13	□	△	✱				△	⚼	☍
4	17 42	17 19	8 53	3 32	25 25	22 08	7 36	15 14		⚼			⊻	⊻	⚼		
5	18 21	17 29	9 22	3 39	25 29	22 11	7 38	15 14	△		□		∠	∠			
6	19 04	17 36	9 51	3 47	25 33	22 14	7 40	15 14	⚼			⚼	✱	✱		☍	⚼
7	19 51	17 41	10 19	3 54	25 37	22 17	7 42	15 15		☍	△	△			☍		△
8	20 42	17 43	10 47	4 02	25 42	22 21	7 44	15 15			⚼		□	□			
9	21 35	17R 44	11 15	4 09	25 46	22 24	7 46	15 15	☍			□				⚼	□
10	22 32	17 41	11 43	4 17	25 51	22 27	7 47	15 16		⚼			△	△	⚼	△	
11	23 31	17 36	12 10	4 25	25 55	22 30	7 49	15 16			☍	✱	⚼	⚼	△		✱
12	24 33	17 29	12 38	4 33	26 00	22 33	7 51	15 16		△		∠					∠
13	25 38	17 19	13 05	4 42	26 05	22 36	7 53	15 16	⚼			⊻				□	⊻
14	26 45	17 07	13 32	4 50	26 10	22 40	7 54	15 16	△	□	⚼			☍	□		
15	27 54	16 52	13 58	4 59	26 15	22 43	7 56	15 17				☌	☍			✱	☌
16	29♒05	16 35	14 25	5 07	26 20	22 46	7 58	15 17	□		△				✱	∠	
17	0♓18	16 15	14 51	5 16	26 25	22 49	8 00	15 17		✱					∠	⊻	
18	1 33	15 53	15 17	5 25	26 30	22 52	8 01	15R 17		∠	□	⊻	⚼	⚼			⊻
19	2 50	15 29	15 43	5 34	26 35	22 55	8 03	15 17	✱	⊻		∠		△	⊻		∠
20	4 09	15 03	16 08	5 43	26 41	22 58	8 04	15 17			✱		△			☌	✱
21	5 29	14 34	16 33	5 52	26 46	23 01	8 06	15 16	∠			✱		□	☌		
22	6 51	14 04	16 58	6 02	26 51	23 04	8 07	15 16	⊻	☌	∠		□			⊻	
23	8 15	13 33	17 23	6 11	26 57	23 06	8 09	15 16			⊻	□					□
24	9 40	12 59	17 47	6 21	27 03	23 09	8 10	15 16						✱	⊻	∠	
25	11 07	12 25	18 11	6 31	27 08	23 12	8 12	15 16	☌	⊻	☌		✱	∠	∠	✱	△
26	12 35	11 49	18 35	6 41	27 14	23 15	8 13	15 15		∠		△	∠	⊻	✱		
27	14 05	11 12	18 59	6 51	27 20	23 18	8 15	15 15	⊻		⊻	⚼	⊻			□	⚼
28	15 36	10 35	19 22	7 01	27 26	23 20	8 16	15 15	∠	✱					□		
29	17 09	9 57	19 45	7 11	27 32	23 23	8 17	15 14			∠		☌	☌		△	
30	18 43	9 20	20 07	7 21	27 38	23 26	8 19	15 14	✱	□	✱	☍					☍
31	20♓18	8♈42	20♐29	7♊32	27♉44	23♒28	8♒20	15♐14						⊻	△	⚼	

D M	Saturn Lat.	Saturn Dec.	Uranus Lat.	Uranus Dec.	Neptune Lat.	Neptune Dec.	Pluto Lat.	Pluto Dec.
	° ′	° ′	° ′	° ′	° ′	° ′	° ′	° ′
1	1S55	17N12	0S41	14S50	0N10	18S14	10N30	12S11
3	1 55	17 14	0 41	14 48	0 10	18 13	10 30	12 10
5	1 54	17 17	0 41	14 46	0 10	18 12	10 31	12 10
7	1 54	17 19	0 41	14 44	0 10	18 11	10 32	12 09
9	1 53	17 22	0 41	14 41	0 10	18 11	10 32	12 09
11	1 53	17 24	0 41	14 39	0 10	18 10	10 33	12 08
13	1 52	17 27	0 41	14 37	0 10	18 09	10 33	12 08
15	1 52	17 30	0 41	14 35	0 09	18 08	10 34	12 07
17	1 52	17 33	0 41	14 33	0 09	18 07	10 34	12 07
19	1 51	17 35	0 41	14 32	0 09	18 06	10 35	12 06
21	1 51	17 38	0 41	14 30	0 09	18 05	10 35	12 06
23	1 50	17 41	0 41	14 28	0 09	18 05	10 36	12 05
25	1 50	17 44	0 41	14 26	0 09	18 04	10 36	12 05
27	1 49	17 47	0 41	14 24	0 09	18 03	10 37	12 04
29	1 49	17 50	0 41	14 23	0 09	18 02	10 37	12 04
31	1S49	17N53	0S41	14S21	0N09	18S02	10N38	12S03

Mutual Aspects

1 ☉⊥♀. ♂✱♆. ☿ ∥ ♅.
2 ♀ # ♇.
3 ☉Q♄. ☿✱♀.
4 ☉⊥♆. 5 ☉□♇.
7 ♂Q♅.
8 ☉⊻♀.
9 ☿ ∥ ♅. ♀Stat.
10 ☿☌♅. 12 ☿Q♂.
13 ☉Q♃. ☉⊻♅. ☉∠♆. ☿□♄. ☿ # ♀.
14 ☿Q♇. 16 ☉✱♄.
18 ☿∠♀. ♂☌♇. ♇Stat.
19 ☉⊥♅. ♀△♂. ♀△♇. ☿ ∥ ♇.
21 ☿□♃.
23 ☿⊥♀. ☿⊻♆.
25 ♀∠♄. 26 ☿⊻♀.
27 ☉✱♃. ☿⊥♆. ♀ # ♇.
28 ☉∠♅. ☉✱♆. ☿Q♄. ☿□♇.
30 ☉☌♀.
31 ☿□♂. ♀∠♅.

LAST QUARTER–Mar.16, 20h.45m. (26°♐19′)

NEW MOON–Apr.23, 15h.26m. (3° ♉ 32′)

D M	D W	Sidereal Time	☉ Long.	☉ Dec.	☽ Long.	☽ Lat.	☽ Dec.	☽ Node	24h. ☽ Long.	24h. ☽ Dec.
		h m s	° ′ ″	° ′	° ′ ″	° ′	° ′	° ′	° ′ ″	° ′
1	Su	0 39 40	11 ♈ 49 16	4 N40	12 ♋ 27 27	0 N09	23 N00	10 ♋ 54	19 ♋ 27 17	22 N47
2	M	0 43 36	12 48 27	5 04	26 30 40	1 22	22 12	10 51	3 ♌ 37 31	21 15
3	T	0 47 33	13 47 36	5 27	10 ♌ 47 39	2 32	19 57	10 48	18 00 49	18 20
4	W	0 51 29	14 46 42	5 49	25 16 35	3 32	16 25	10 44	2 ♍ 34 24	14 15
5	Th	0 55 26	15 45 45	6 12	9 ♍ 53 38	4 19	11 51	10 41	17 13 27	9 17
6	F	0 59 23	16 44 47	6 35	24 33 01	4 49	6 35	10 38	1 ♎ 51 24	3 N48
7	S	1 03 19	17 43 46	6 57	9 ♎ 07 37	5 00	0 N59	10 35	16 20 46	1 S50
8	Su	1 07 16	18 42 43	7 20	23 29 58	4 52	4 S36	10 32	0 ♏ 34 28	7 16
9	M	1 11 12	19 41 39	7 42	7 ♏ 33 38	4 26	9 50	10 28	14 26 58	12 14
10	T	1 15 09	20 40 32	8 04	21 14 08	3 46	14 26	10 25	27 55 00	16 26
11	W	1 19 05	21 39 24	8 26	4 ♐ 29 34	2 54	18 11	10 22	10 ♐ 57 56	19 42
12	Th	1 23 02	22 38 14	8 48	17 20 26	1 54	20 56	10 19	23 37 24	21 54
13	F	1 26 58	23 37 02	9 10	29 49 21	0 N51	22 36	10 16	5 ♑ 56 49	23 00
14	S	1 30 55	24 35 48	9 32	12 ♑ 00 25	0 S14	23 07	10 13	18 00 48	22 59
15	Su	1 34 52	25 34 33	9 53	23 58 38	1 17	22 34	10 09	29 54 37	21 54
16	M	1 38 48	26 33 16	10 15	5 ♒ 49 26	2 15	21 00	10 06	11 ♒ 43 44	19 52
17	T	1 42 45	27 31 57	10 36	17 38 13	3 08	18 32	10 03	23 33 28	17 00
18	W	1 46 41	28 30 37	10 57	29 30 06	3 53	15 17	10 00	5 ♓ 28 39	13 24
19	Th	1 50 38	29 ♈ 29 14	11 17	11 ♓ 29 36	4 28	11 23	9 57	17 33 23	9 14
20	F	1 54 34	0 ♉ 27 50	11 38	23 40 21	4 52	6 59	9 53	29 50 47	4 S38
21	S	1 58 31	1 26 25	11 58	6 ♈ 04 55	5 02	2 S12	9 50	12 ♈ 22 52	0 N16
22	Su	2 02 27	2 24 57	12 19	18 44 42	4 58	2 N45	9 47	25 10 25	5 14
23	M	2 06 24	3 23 28	12 39	1 ♉ 39 55	4 38	7 42	9 44	8 ♉ 13 05	10 06
24	T	2 10 21	4 21 57	12 59	14 49 43	4 04	12 24	9 41	21 29 37	14 34
25	W	2 14 17	5 20 23	13 18	28 12 33	3 16	16 35	9 38	4 ♊ 58 16	18 24
26	Th	2 18 14	6 18 49	13 37	11 ♊ 46 32	2 15	19 58	9 34	18 37 08	21 16
27	F	2 22 10	7 17 12	13 57	25 29 53	1 S06	22 15	9 31	2 ♋ 24 35	22 55
28	S	2 26 07	8 15 33	14 16	9 ♋ 21 08	0 N07	23 14	9 28	16 19 24	23 10
29	Su	2 30 03	9 13 52	14 34	23 19 17	1 21	22 45	9 25	0 ♌ 20 42	21 58
30	M	2 34 00	10 ♉ 12 09	14 N53	7 ♌ 23 33	2 N30	20 N51	9 ♋ 22	14 ♌ 27 44	19 N24

D M	Mercury Lat.	Mercury Dec.	Mercury Dec.	Venus Lat.	Venus Dec.	Venus Dec.	Mars Lat.	Mars Dec.	Mars Dec.	Jupiter Lat.	Jupiter Dec.
	° ′	° ′	° ′	° ′	° ′	° ′	° ′	° ′	° ′	° ′	° ′
1	2 S 24	5 S 25	4 S 45	7 N 46	10 N19	9 N57	0 N 18	22 S 49	22 S 52	0 S 28	21 N08
3	2 23	4 05	3 24	7 28	9 35	9 12	0 15	22 55	22 58	0 28	21 11
5	2 20	2 42	1 58	7 08	8 49	8 27	0 12	23 01	23 04	0 28	21 15
7	2 15	1 S 14	0 S 28	6 46	8 04	7 42	0 08	23 07	23 09	0 27	21 19
9	2 08	0 N18	1 N 05	6 21	7 20	6 58	0 05	23 12	23 15	0 27	21 23
11	1 59	1 53	2 43	5 55	6 37	6 17	0 N 01	23 17	23 20	0 27	21 26
13	1 48	3 32	4 23	5 28	5 58	5 39	0 S 02	23 23	23 25	0 26	21 30
15	1 35	5 14	6 06	5 01	5 21	5 05	0 06	23 28	23 30	0 26	21 34
17	1 20	6 58	7 51	4 33	4 49	4 34	0 11	23 33	23 36	0 26	21 37
19	1 04	8 44	9 37	4 06	4 20	4 08	0 15	23 38	23 41	0 26	21 41
21	0 45	10 31	11 24	3 38	3 56	3 45	0 19	23 43	23 46	0 25	21 45
23	0 26	12 17	13 10	3 12	3 36	3 27	0 24	23 49	23 51	0 25	21 48
25	0 S 05	14 02	14 53	2 46	3 20	3 14	0 29	23 54	23 56	0 25	21 52
27	0 N17	15 43	16 32	2 21	3 08	3 04	0 34	23 59	24 02	0 24	21 55
29	0 38	17 20	18 N 06	1 57	3 01	2 N58	0 39	24 05	24 S 08	0 24	21 59
31	0 N59	18 N50		1 N 35	2 N57		0 S 45	24 S 10		0 S 24	22 N02

FIRST QUARTER–Apr. 1, 10h.49m. (11° ♋ 46′) & Apr.30, 17h.08m. (10° ♌ 25′)

FULL MOON–Apr. 8, 03h.22m. (18°♎22′)

D M	☿ Long.	♀ Long.	♂ Long.	♃ Long.	♄ Long.	♅ Long.	♆ Long.	♇ Long.	☉	☿	♀	♂	♃	♄	♅	♆	♇
	° ′	° ′	° ′	° ′	° ′	° ′	° ′	° ′									
1	21♓55	8♈05	20♐51	7♊42	27♉50	23♒31	8♒21	15♐13	□		□		⚺	∠	⚼		
2	23 33	7R 28	21 13	7 53	27 56	23 33	8 23	15R 13		△			∠	⚹			⚼
3	25 13	6 52	21 34	8 03	28 03	23 36	8 24	15 12	△	⚼	△	⚼	⚹			☍	△
4	26 54	6 17	21 55	8 14	28 09	23 38	8 25	15 12	⚼		⚼	△		□	☍		
5	28♓37	5 43	22 15	8 25	28 15	23 41	8 26	15 11					□				□
6	0♈21	5 11	22 35	8 36	28 22	23 43	8 27	15 10		☍		□		△		⚼	
7	2 06	4 41	22 55	8 47	28 28	23 46	8 28	15 10			☍		△	⚼	⚼	△	⚹
8	3 53	4 12	23 14	8 58	28 35	23 48	8 29	15 09	☍			⚹	⚼		△		∠
9	5 42	3 46	23 33	9 10	28 41	23 50	8 30	15 08				∠				□	
10	7 32	3 21	23 52	9 21	28 48	23 53	8 31	15 08		⚼	⚼	⚺			□		⚺
11	9 23	2 59	24 10	9 32	28 55	23 55	8 32	15 07	⚼	△	△		☍	☍		⚹	
12	11 16	2 39	24 27	9 44	29 01	23 57	8 33	15 06	△							∠	☌
13	13 10	2 22	24 45	9 55	29 08	23 59	8 34	15 05			□	☌			⚹		
14	15 06	2 07	25 01	10 07	29 15	24 01	8 35	15 04		□				⚼	∠	⚺	⚺
15	17 04	1 54	25 18	10 19	29 22	24 03	8 36	15 04	□			⚺	⚼	△	⚺		
16	19 03	1 44	25 34	10 31	29 29	24 05	8 37	15 03			⚹	∠	△			☌	∠
17	21 03	1 36	25 49	10 42	29 36	24 07	8 38	15 02		⚹	∠						⚹
18	23 05	1 31	26 04	10 54	29 43	24 09	8 38	15 01	⚹		⚺	⚹		□	☌		
19	25 08	1 28	26 18	11 06	29 50	24 11	8 39	15 00	∠	∠			□			⚺	□
20	27 12	1D 27	26 32	11 19	29♉57	24 13	8 40	14 59		⚺		□			⚺	∠	
21	29♈17	1 29	26 45	11 31	0♊04	24 15	8 40	14 58	⚺		☌		⚹	⚹	∠	⚹	
22	1♉24	1 34	26 58	11 43	0 11	24 17	8 41	14 57						∠	⚹		△
23	3 31	1 40	27 10	11 55	0 19	24 19	8 42	14 56	☌	☌	⚺	△	∠	⚺			⚼
24	5 39	1 49	27 22	12 08	0 26	24 20	8 42	14 55			∠	⚼	⚺			□	
25	7 47	2 00	27 33	12 20	0 33	24 22	8 43	14 53			⚹			☌	□		
26	9 56	2 13	27 43	12 33	0 40	24 24	8 43	14 52	⚺	⚺			☌			△	☍
27	12 05	2 27	27 53	12 45	0 48	24 25	8 44	14 51	∠	∠		☍		⚺	△	⚼	
28	14 13	2 44	28 02	12 58	0 55	24 27	8 44	14 50	⚹	⚹	□		⚺	∠	⚼		
29	16 21	3 03	28 11	13 10	1 02	24 28	8 44	14 49					∠				⚼
30	18♉28	3♈24	28♐19	13♊23	1♊10	24♒30	8♒45	14♐47	□		△	⚼	⚹	⚹		☍	

D M	Saturn Lat.	Saturn Dec.	Uranus Lat.	Uranus Dec.	Neptune Lat.	Neptune Dec.	Pluto Lat.	Pluto Dec.
	° ′	° ′	° ′	° ′	° ′	° ′	° ′	° ′
1	1S48	17N55	0S41	14S20	0N09	18S01	10N38	12S03
3	1 48	17 58	0 41	14 18	0 09	18 01	10 38	12 02
5	1 48	18 01	0 42	14 17	0 09	18 00	10 39	12 02
7	1 47	18 04	0 42	14 15	0 09	18 00	10 39	12 01
9	1 47	18 08	0 42	14 14	0 09	17 59	10 40	12 01
11	1 47	18 11	0 42	14 12	0 09	17 59	10 40	12 00
13	1 46	18 14	0 42	14 11	0 09	17 58	10 41	11 59
15	1 46	18 17	0 42	14 10	0 09	17 58	10 41	11 59
17	1 46	18 21	0 42	14 08	0 09	17 57	10 41	11 58
19	1 45	18 24	0 42	14 07	0 09	17 57	10 42	11 58
21	1 45	18 27	0 42	14 06	0 09	17 57	10 42	11 57
23	1 45	18 30	0 42	14 05	0 09	17 56	10 42	11 57
25	1 45	18 34	0 42	14 04	0 09	17 56	10 43	11 56
27	1 44	18 37	0 42	14 03	0 09	17 56	10 43	11 56
29	1 44	18 40	0 42	14 02	0 09	17 56	10 43	11 55
31	1S44	18N43	0S42	14S01	0N09	17S55	10N43	11S55

Mutual Aspects

1 ♀⚹♃. ♀⚹♆.
2 ☉∠♄. ☿⚺♅. ☿∠♆. ☉#☿.
4 ☉△♇. ☿Q♃. ♄#♆.
5 ☿⚹♄. ♃△♆.
6 ☿⊥♅.
8 ☿☌♀. ☉∥♀.
9 ♂∠♆.
10 ☉Q♆. ♂⚹♅.
11 ☿⚹♃. ☿∠♅. ☿⚹♆.
12 ☉⊥♄. 13 ☉⚹♅.
14 ☿∠♄. ☿△♇.
15 ☉△♂. ☉∠♃. ☿∥♀.
17 ☿Q♆. 18 ☿⊥♄.
19 ☉⚺♄. ☿⚹♅.
20 ☉⚼♇. ☿△♂. ☿∠♃. ♀Stat.
21 ☉⚺♀. ☿⚺♄. ☿⚼♇. ☉#♇.
22 ☿⚺♀.
23 ☉☌☿. ☿#♇.
24 ☿⊥♃. ☿Q♅. ☉∥☿.
25 ☿⊥♀. ☿□♆. ☿#♅.
26 ☉⊥♃. ☉Q♅. ☿±♇.
27 ☿⚼♂. ☿⚺♃. ☉#♅.
28 ☉□♆. ☿∇♇.
29 ☉⊥♀. ☉±♇.
30 ☿∠♀. ☿#♆.

LAST QUARTER–Apr.15, 15h.31m. (25°♑43′)

NEW MOON–May 23, 02h.46m. (2°♊03′)

D M	D W	Sidereal Time	☉ Long.	☉ Dec.	☽ Long.	☽ Lat.	☽ Dec.	☽ Node	24h. ☽ Long.	24h. ☽ Dec.
		h m s	° ′ ″	° ′	° ′ ″	° ′	° ′	° ′	° ′ ″	° ′
1	T	2 37 56	11 ♉ 10 23	15 N11	21 ♌ 33 05	3 N31	17 N39	9 ♋ 19	28 ♌ 39 24	15 N38
2	W	2 41 53	12 08 36	15 29	5 ♍ 46 27	4 19	13 24	9 15	12 ♍ 53 53	10 59
3	Th	2 45 50	13 06 47	15 46	20 01 21	4 51	8 25	9 12	27 08 22	5 44
4	F	2 49 46	14 04 55	16 04	4 ♎ 14 28	5 05	2 N59	9 09	11 ♎ 19 04	0 N12
5	S	2 53 43	15 03 02	16 21	18 21 37	5 01	2 S34	9 06	25 21 32	5 S17
6	Su	2 57 39	16 01 07	16 38	2 ♏ 18 16	4 38	7 55	9 03	9 ♏ 11 18	10 26
7	M	3 01 36	16 59 10	16 55	16 00 13	4 00	12 48	8 59	22 44 37	14 59
8	T	3 05 32	17 57 12	17 11	29 24 14	3 09	16 57	8 56	5 ♐ 58 54	18 41
9	W	3 09 29	18 55 12	17 27	12 ♐ 28 33	2 09	20 09	8 53	18 53 14	21 22
10	Th	3 13 25	19 53 11	17 43	25 13 05	1 N04	22 17	8 50	1 ♑ 28 20	22 55
11	F	3 17 22	20 51 08	17 58	7 ♑ 39 19	0 S03	23 16	8 47	13 46 26	23 19
12	S	3 21 19	21 49 04	18 13	19 50 08	1 08	23 06	8 44	25 50 57	22 36
13	Su	3 25 15	22 46 58	18 28	1 ♒ 49 26	2 10	21 51	8 40	7 ♒ 46 12	20 52
14	M	3 29 12	23 44 52	18 43	13 41 51	3 05	19 40	8 37	19 37 02	18 15
15	T	3 33 08	24 42 44	18 57	25 32 22	3 52	16 39	8 34	1 ♓ 28 31	14 52
16	W	3 37 05	25 40 34	19 11	7 ♓ 26 06	4 30	12 57	8 31	13 25 43	10 53
17	Th	3 41 01	26 38 24	19 24	19 27 56	4 56	8 42	8 28	25 33 17	6 25
18	F	3 44 58	27 36 12	19 37	1 ♈ 42 14	5 09	4 S03	8 25	7 ♈ 55 13	1 S37
19	S	3 48 54	28 33 59	19 50	14 12 35	5 08	0 N52	8 21	20 34 35	3 N22
20	Su	3 52 51	29 ♉ 31 46	20 03	27 01 24	4 52	5 53	8 18	3 ♉ 33 08	8 21
21	M	3 56 48	0 ♊ 29 30	20 15	10 ♉ 09 46	4 20	10 45	8 15	16 51 11	13 04
22	T	4 00 44	1 27 14	20 27	23 37 13	3 33	15 14	8 12	0 ♊ 27 34	17 15
23	W	4 04 41	2 24 57	20 39	7 ♊ 21 52	2 33	19 02	8 09	14 19 43	20 33
24	Th	4 08 37	3 22 38	20 50	21 20 39	1 22	21 47	8 05	28 24 11	22 41
25	F	4 12 34	4 20 18	21 01	5 ♋ 29 47	0 S06	23 13	8 02	12 ♋ 36 59	23 23
26	S	4 16 30	5 17 56	21 11	19 45 18	1 N11	23 10	7 59	26 54 15	22 33
27	Su	4 20 27	6 15 33	21 21	4 ♌ 03 25	2 25	21 35	7 56	11 ♌ 12 26	20 16
28	M	4 24 23	7 13 09	21 31	18 20 57	3 29	18 38	7 53	25 28 38	16 44
29	T	4 28 20	8 10 43	21 40	2 ♍ 35 13	4 20	14 36	7 50	9 ♍ 40 28	12 15
30	W	4 32 17	9 08 16	21 49	16 44 07	4 55	9 46	7 46	23 45 57	7 09
31	Th	4 36 13	10 ♊ 05 47	21 N58	0 ♎ 45 45	5 N12	4 N28	7 ♋ 43	7 ♎ 43 19	1 N44

D M	Mercury Lat.	Mercury Dec.	Mercury Dec.	Venus Lat.	Venus Dec.	Venus Dec.	Mars Lat.	Mars Dec.	Mars Dec.	Jupiter Lat.	Jupiter Dec.
	° ′	° ′	° ′	° ′	° ′	° ′	° ′	° ′	° ′	° ′	° ′
1	0 N59	18 N50	19 N 32	1 N 35	2 N57	2 N56	0 S 45	24 S10	24 S 13	0 S 24	22 N02
3	1 18	20 12	20 50	1 13	2 57	2 58	0 50	24 16	24 19	0 24	22 05
5	1 36	21 25	21 58	0 52	3 00	3 03	0 56	24 22	24 25	0 23	22 09
7	1 52	22 28	22 56	0 33	3 07	3 11	1 02	24 28	24 31	0 23	22 12
9	2 05	23 22	23 45	0 14	3 17	3 23	1 08	24 35	24 38	0 23	22 15
11	2 14	24 05	24 23	0 S 03	3 29	3 37	1 15	24 41	24 44	0 23	22 18
13	2 21	24 38	24 52	0 20	3 45	3 53	1 22	24 48	24 51	0 22	22 21
15	2 24	25 03	25 11	0 35	4 03	4 13	1 28	24 54	24 58	0 22	22 24
17	2 24	25 18	25 23	0 49	4 23	4 34	1 35	25 01	25 05	0 22	22 27
19	2 20	25 26	25 27	1 03	4 46	4 58	1 43	25 08	25 12	0 22	22 30
21	2 12	25 27	25 25	1 15	5 10	5 23	1 50	25 16	25 19	0 22	22 32
23	2 01	25 21	25 16	1 26	5 36	5 50	1 57	25 23	25 26	0 21	22 35
25	1 46	25 09	25 01	1 37	6 04	6 18	2 05	25 30	25 34	0 21	22 38
27	1 27	24 52	24 42	1 47	6 33	6 48	2 12	25 37	25 41	0 21	22 40
29	1 05	24 31	24 N 19	1 56	7 03	7 N19	2 20	25 44	25 S 48	0 21	22 42
31	0 N40	24 N06		2 S 04	7 N35		2 S 28	25 S51		0 S 20	22 N45

FIRST QUARTER–May 29, 22h.09m. (8°♍35′)

FULL MOON–May 7, 13h.53m. (17°♏04′)

D M	☿ Long.	♀ Long.	♂ Long.	♃ Long.	♄ Long.	♅ Long.	♆ Long.	♇ Long.	☉	☿	♀	♂	♃	♄	♅	♆	♇
	° ′	° ′	° ′	° ′	° ′	° ′	° ′	° ′									
1	20♉33	3♈46	28♐26	13♊36	1♊17	24♒31	8♒45	14♐46		□	⚼	△			☍		△
2	22 38	4 10	28 33	13 49	1 25	24 32	8 45	14R 45	△					□			
3	24 40	4 36	28 39	14 02	1 32	24 34	8 46	14 44		△			□			⚼	□
4	26 40	5 04	28 44	14 14	1 40	24 35	8 46	14 42	⚼		☍	□		△	⚼	△	
5	28♉38	5 32	28 49	14 27	1 47	24 36	8 46	14 41		⚼			△	⚼	△		⚹
6	0♊34	6 03	28 53	14 40	1 55	24 37	8 46	14 40				⚹	⚼			□	∠
7	2 27	6 35	28 57	14 53	2 03	24 38	8 46	14 38	☍		⚼	∠					⚺
8	4 17	7 08	28 59	15 07	2 10	24 39	8 47	14 37		☍		⚺		☍	□		
9	6 03	7 42	29 01	15 20	2 18	24 40	8 47	14 35			△		☍			⚹	☌
10	7 47	8 18	29 02	15 33	2 25	24 41	8 47	14 34				☌			⚹	∠	
11	9 27	8 55	29 03	15 46	2 33	24 42	8R 47	14 33	⚼		□				∠	⚺	
12	11 04	9 34	29R 03	15 59	2 41	24 43	8 47	14 31	△					⚼	⚺		⚺
13	12 37	10 13	29 02	16 13	2 48	24 44	8 47	14 30		⚼		⚺	⚼	△			∠
14	14 07	10 53	29 00	16 26	2 56	24 45	8 46	14 28		△	⚹	∠	△			☌	⚹
15	15 33	11 35	28 57	16 39	3 04	24 45	8 46	14 27	□		∠	⚹			☌		
16	16 55	12 17	28 54	16 53	3 12	24 46	8 46	14 25			⚺			□		⚺	
17	18 13	13 01	28 50	17 06	3 19	24 47	8 46	14 24		□			□		⚺	∠	□
18	19 28	13 45	28 45	17 20	3 27	24 47	8 46	14 22	⚹			□		⚹			
19	20 39	14 31	28 40	17 33	3 35	24 48	8 45	14 21	∠		☌		⚹	∠	∠	⚹	△
20	21 46	15 17	28 33	17 47	3 43	24 48	8 45	14 19	⚺	⚹		△	∠		⚹		⚼
21	22 49	16 04	28 26	18 00	3 50	24 49	8 45	14 18		∠	⚺	⚼		⚺		□	
22	23 48	16 51	28 18	18 14	3 58	24 49	8 44	14 16		⚺			⚺		□		
23	24 43	17 40	28 10	18 27	4 06	24 49	8 44	14 14	☌		∠			●		△	☍
24	25 34	18 29	28 01	18 41	4 14	24 50	8 44	14 13		☌	⚹	☍	●		△	⚼	
25	26 20	19 19	27 50	18 55	4 21	24 50	8 43	14 11	⚺					⚺	⚼		
26	27 02	20 10	27 40	19 08	4 29	24 50	8 43	14 10	∠		□		⚺	∠			
27	27 40	21 01	27 28	19 22	4 37	24 50	8 42	14 08	⚹	⚺			∠	⚹		☍	⚼
28	28 13	21 53	27 16	19 36	4 45	24 50	8 42	14 07		∠	△	⚼	⚹		☍		△
29	28 42	22 45	27 03	19 50	4 53	24 50	8 41	14 05	□	⚹	⚼	△		□			
30	29 06	23 38	26 50	20 03	5 00	24R 50	8 41	14 03					□			⚼	□
31	29♊26	24♈32	26♐36	20♊17	5♊08	24♒50	8♒40	14♐02		□		□		△			

D M	Saturn Lat.	Saturn Dec.	Uranus Lat.	Uranus Dec.	Neptune Lat.	Neptune Dec.	Pluto Lat.	Pluto Dec.
	° ′	° ′	° ′	° ′	° ′	° ′	° ′	° ′
1	1S44	18N43	0S42	14S01	0N09	17S55	10N43	11S55
3	1 44	18 47	0 43	14 00	0 09	17 55	10 44	11 54
5	1 43	18 50	0 43	13 59	0 09	17 55	10 44	11 54
7	1 43	18 53	0 43	13 59	0 09	17 55	10 44	11 53
9	1 43	18 56	0 43	13 58	0 09	17 55	10 44	11 53
11	1 43	18 59	0 43	13 58	0 09	17 55	10 44	11 52
13	1 43	19 03	0 43	13 57	0 09	17 55	10 44	11 52
15	1 42	19 06	0 43	13 57	0 09	17 55	10 44	11 52
17	1 42	19 09	0 43	13 56	0 09	17 55	10 44	11 51
19	1 42	19 12	0 43	13 56	0 09	17 55	10 44	11 51
21	1 42	19 15	0 43	13 56	0 09	17 56	10 44	11 51
23	1 42	19 18	0 43	13 56	0 09	17 56	10 44	11 50
25	1 42	19 21	0 43	13 56	0 09	17 56	10 44	11 50
27	1 42	19 24	0 43	13 56	0 09	17 56	10 44	11 50
29	1 42	19 27	0 44	13 56	0 09	17 57	10 44	11 49
31	1S41	19N30	0S44	13S56	0N09	17S57	10N44	11S49

Mutual Aspects

1 ☿ ∥ ♄. 2 ☿ ± ♂.
3 ☿ □ ♅.
4 ☉ ⚼ ♂. ☉ ⚺ ♃.
5 ☉ ▽ ♇. ☿ ▽ ♂.
6 ♃ ☍ ♇. ☿ ∥ ♃.
7 ☿ ☌ ♄. 10 ☿ ⚹ ♀.
11 ☿ △ ♆. ♀ ⚹ ♆. ☉ ⋕ ♆. ♂ Stat. ♆ Stat.
12 ♀ ∠ ♅. 13 ☉ ± ♂.
14 ☿ ☍ ♇. ☿ ⋕ ♂.
15 ☉ □ ♅.
16 ☿ ☌ ♃. ☉ ∥ ♄.
19 ☉ ▽ ♂. ♀ △ ♇.
22 ☿ ⚼ ♆.
23 ☿ △ ♅. ☿ ⋕ ♂.
24 ♀ ⚹ ♃.
25 ☉ ∠ ♀. ☉ ☌ ♄. ♀ ∠ ♄.
27 ☿ ☍ ♂. ♀ Q ♆.
29 ♅ Stat. 30 ☉ △ ♆.
31 ♀ ⚹ ♅.

LAST QUARTER–May 15, 10h.11m. (24°♒38′)

NEW MOON–June21, 11h.58m. (0°♋10′)

D M	D W	Sidereal Time	☉ Long.	☉ Dec.	☽ Long.	☽ Lat.	☽ Dec.	☽ Node	24h. ☽ Long.	24h. ☽ Dec.
		h m s	° ′ ″	° ′	° ′ ″	° ′	° ′	° ′	° ′ ″	° ′
1	F	4 40 10	11 ♊ 03 17	22 N06	14 ♎ 38 26	5 N11	1 S00	7 ♋ 40	21 ♎ 30 53	3 S42
2	S	4 44 06	12 00 46	22 14	28 20 28	4 51	6 21	7 37	5 ♏ 06 59	8 54
3	Su	4 48 03	12 58 13	22 21	11 ♏ 50 15	4 16	11 19	7 34	18 30 06	13 35
4	M	4 51 59	13 55 39	22 28	25 06 23	3 28	15 41	7 31	1 ♐ 39 00	17 34
5	T	4 55 56	14 53 05	22 35	8 ♐ 07 51	2 29	19 12	7 27	14 32 56	20 36
6	W	4 59 52	15 50 29	22 41	20 54 14	1 24	21 44	7 24	27 11 49	22 34
7	Th	5 03 49	16 47 53	22 47	3 ♑ 25 49	0 N16	23 08	7 21	9 ♑ 36 24	23 23
8	F	5 07 46	17 45 16	22 52	15 43 47	0 S52	23 22	7 18	21 48 15	23 04
9	S	5 11 42	18 42 38	22 58	27 50 08	1 56	22 29	7 15	3 ♒ 49 47	21 40
10	Su	5 15 39	19 39 59	23 02	9 ♒ 47 39	2 54	20 36	7 11	15 44 10	19 19
11	M	5 19 35	20 37 20	23 06	21 39 50	3 45	17 50	7 08	27 35 10	16 10
12	T	5 23 32	21 34 40	23 10	3 ♓ 30 44	4 26	14 21	7 05	9 ♓ 27 05	12 23
13	W	5 27 28	22 32 00	23 14	15 24 48	4 56	10 17	7 02	21 24 29	8 05
14	Th	5 31 25	23 29 20	23 17	27 26 42	5 13	5 48	6 59	3 ♈ 32 01	3 S26
15	F	5 35 21	24 26 39	23 19	9 ♈ 40 59	5 16	1 S01	6 56	15 54 08	1 N27
16	S	5 39 18	25 23 57	23 22	22 11 55	5 05	3 N56	6 52	28 34 46	6 24
17	Su	5 43 15	26 21 16	23 23	5 ♉ 03 01	4 38	8 50	6 49	11 ♉ 36 55	11 13
18	M	5 47 11	27 18 34	23 25	18 16 39	3 56	13 29	6 46	25 02 15	15 38
19	T	5 51 08	28 15 51	23 26	1 ♊ 53 40	3 00	17 36	6 43	8 ♊ 50 42	19 22
20	W	5 55 04	29 ♊ 13 09	23 26	15 53 02	1 51	20 51	6 40	23 00 13	22 02
21	Th	5 59 01	0 ♋ 10 26	23 26	0 ♋ 11 43	0 S34	22 52	6 37	7 ♋ 26 52	23 20
22	F	6 02 57	1 07 43	23 26	14 44 55	0 N46	23 24	6 33	22 05 05	23 03
23	S	6 06 54	2 04 59	23 25	29 26 31	2 05	22 18	6 30	6 ♌ 48 24	21 10
24	Su	6 10 50	3 02 15	23 24	14 ♌ 09 53	3 15	19 41	6 27	21 30 13	17 53
25	M	6 14 47	3 59 30	23 23	28 48 41	4 12	15 49	6 24	6 ♍ 04 40	13 32
26	T	6 18 44	4 56 44	23 21	13 ♍ 17 37	4 52	11 03	6 21	20 27 06	8 27
27	W	6 22 40	5 53 58	23 18	27 32 47	5 14	5 46	6 17	4 ♎ 34 25	3 N02
28	Th	6 26 37	6 51 11	23 16	11 ♎ 31 51	5 16	0 N17	6 14	18 25 01	2 S26
29	F	6 30 33	7 48 24	23 13	25 13 52	5 00	5 S06	6 11	1 ♏ 58 28	7 41
30	S	6 34 30	8 ♋ 45 36	23 N09	8 ♏ 38 54	4 N28	10 S09	6 ♋ 08	15 ♏ 15 15	12 S28

D M	Mercury Lat.	Mercury Dec.		Venus Lat.	Venus Dec.		Mars Lat.	Mars Dec.		Jupiter Lat.	Jupiter Dec.
	° ′	° ′	° ′	° ′	° ′	° ′	° ′	° ′	° ′	° ′	° ′
1	0 N26	23 N52	23 N38	2 S 08	7 N51	8 N08	2 S 32	25 S55	25 S 58	0 S 20	22 N46
3	0 S04	23 22	23 07	2 15	8 24	8 41	2 39	26 02	26 05	0 20	22 48
5	0 36	22 50	22 33	2 21	8 58	9 15	2 47	26 08	26 11	0 20	22 50
7	1 10	22 16	21 59	2 26	9 32	9 50	2 54	26 14	26 17	0 20	22 52
9	1 44	21 42	21 25	2 31	10 07	10 25	3 02	26 20	26 22	0 20	22 54
11	2 18	21 07	20 50	2 35	10 42	11 00	3 09	26 25	26 28	0 19	22 55
13	2 51	20 34	20 18	2 39	11 18	11 36	3 15	26 30	26 32	0 19	22 57
15	3 20	20 03	19 48	2 42	11 53	12 11	3 22	26 34	26 36	0 19	22 58
17	3 46	19 35	19 23	2 44	12 29	12 47	3 28	26 38	26 40	0 19	23 00
19	4 06	19 12	19 02	2 46	13 04	13 22	3 34	26 41	26 43	0 19	23 01
21	4 22	18 53	18 47	2 47	13 40	13 57	3 40	26 44	26 45	0 18	23 02
23	4 31	18 41	18 38	2 48	14 14	14 32	3 45	26 46	26 47	0 18	23 04
25	4 35	18 36	18 35	2 48	14 49	15 06	3 50	26 48	26 49	0 18	23 05
27	4 33	18 37	18 39	2 47	15 22	15 39	3 54	26 49	26 50	0 18	23 06
29	4 26	18 44	18 N 49	2 47	15 55	16 N11	3 58	26 50	26 S 51	0 18	23 06
31	4 S 15	18 N56		2 S 45	16 N27		4 S 01	26 S51		0 S 18	23 N07

FIRST QUARTER–June28, 03h.19m. (6°♎31′)

FULL MOON–June 6, 01h.39m. (15°♐26′)

D M	☿ Long.	♀ Long.	♂ Long.	♃ Long.	♄ Long.	♅ Long.	♆ Long.	♇ Long.	Lunar Aspects ☉	☿	♀	♂	♃	♄	♅	♆	♇
	° ′	° ′	° ′	° ′	° ′	° ′	° ′	° ′									
1	29♊41	25♈26	26♐21	20♊31	5♊16	24♒50	8♒39	14♐00	△				△	⚼	⚼	△	⚹
2	29 51	26 20	26R 06	20 45	5 24	24R 50	8R 39	13R 58	⚼	△	☍	⚹			△		∠
3	29 57	27 16	25 50	20 58	5 31	24 50	8 38	13 57		⚼		∠	⚼			□	⚺
4	29R 58	28 11	25 34	21 12	5 39	24 49	8 37	13 55				⚺			□		
5	29 54	29♈07	25 17	21 26	5 47	24 49	8 36	13 54						☍		⚹	☌
6	29 46	0♉04	25 00	21 40	5 54	24 49	8 36	13 52	☍		⚼	☌	☍		⚹	∠	
7	29 34	1 01	24 43	21 54	6 02	24 48	8 35	13 50		☍	△					⚺	
8	29 18	1 58	24 25	22 07	6 10	24 48	8 34	13 49						⚼	∠		⚺
9	28 58	2 56	24 06	22 21	6 17	24 47	8 33	13 47			□	⚺			⚺		∠
10	28 35	3 54	23 48	22 35	6 25	24 47	8 32	13 46	⚼	⚼		∠	⚼	△		☌	⚹
11	28 09	4 53	23 29	22 49	6 33	24 46	8 31	13 44	△			⚹	△		☌		
12	27 40	5 52	23 10	23 03	6 40	24 46	8 30	13 42		△	⚹			□		⚺	
13	27 09	6 51	22 50	23 17	6 48	24 45	8 29	13 41									□
14	26 37	7 51	22 31	23 30	6 56	24 44	8 28	13 39	□	□	∠	□	□		⚺	∠	
15	26 03	8 51	22 11	23 44	7 03	24 43	8 27	13 38			⚺			⚹	∠	⚹	△
16	25 29	9 51	21 52	23 58	7 11	24 43	8 26	13 36	⚹	⚹		△	⚹	∠	⚹		
17	24 56	10 52	21 32	24 12	7 18	24 42	8 25	13 34		∠	☌	⚼	∠	⚺		□	⚼
18	24 22	11 53	21 13	24 26	7 26	24 41	8 24	13 33	∠	⚺			⚺		□		
19	23 50	12 54	20 53	24 40	7 33	24 40	8 23	13 31	⚺					●		△	
20	23 20	13 55	20 34	24 53	7 41	24 39	8 22	13 30			⚺	☍					☍
21	22 52	14 57	20 15	25 07	7 48	24 38	8 20	13 28	●	☌	∠		●		△	⚼	
22	22 27	15 59	19 56	25 21	7 55	24 37	8 19	13 27			⚹			⚺	⚼		
23	22 06	17 02	19 38	25 35	8 03	24 36	8 18	13 25	⚺	⚺		⚼	⚺	∠			⚼
24	21 47	18 04	19 20	25 49	8 10	24 35	8 17	13 24	∠	∠	□	△	∠	⚹		☍	△
25	21 33	19 07	19 02	26 02	8 17	24 33	8 16	13 22	⚹	⚹			⚹		☍		
26	21 23	20 10	18 44	26 16	8 25	24 32	8 14	13 21				□		□			□
27	21 17	21 13	18 28	26 30	8 32	24 31	8 13	13 19		□	△		□			⚼	
28	21D 16	22 17	18 11	26 44	8 39	24 29	8 12	13 18	□		⚼	⚹		△	⚼	△	⚹
29	21 20	23 21	17 55	26 57	8 46	24 28	8 10	13 16		△			△	⚼	△		∠
30	21♊28	24♉25	17♐40	27♊11	8♊53	24♒27	8♒09	13♐15	△	⚼		∠	⚼			□	⚺

D M	Saturn Lat.	Saturn Dec.	Uranus Lat.	Uranus Dec.	Neptune Lat.	Neptune Dec.	Pluto Lat.	Pluto Dec.
	° ′	° ′	° ′	° ′	° ′	° ′	° ′	° ′
1	1S41	19N31	0S44	13S56	0N09	17S57	10N44	11S49
3	1 41	19 34	0 44	13 56	0 09	17 58	10 44	11 49
5	1 41	19 36	0 44	13 56	0 09	17 58	10 44	11 49
7	1 41	19 39	0 44	13 57	0 09	17 58	10 44	11 48
9	1 41	19 42	0 44	13 57	0 09	17 59	10 43	11 48
11	1 41	19 44	0 44	13 57	0 09	17 59	10 43	11 48
13	1 41	19 47	0 44	13 58	0 09	18 00	10 43	11 48
15	1 41	19 50	0 44	13 58	0 09	18 00	10 42	11 48
17	1 41	19 52	0 44	13 59	0 09	18 01	10 42	11 48
19	1 41	19 55	0 44	14 00	0 09	18 02	10 42	11 48
21	1 41	19 57	0 44	14 01	0 09	18 02	10 41	11 48
23	1 41	19 59	0 44	14 01	0 09	18 03	10 41	11 48
25	1 41	20 02	0 45	14 02	0 09	18 03	10 40	11 48
27	1 41	20 04	0 45	14 03	0 09	18 04	10 40	11 48
29	1 41	20 06	0 45	14 04	0 09	18 05	10 40	11 49
31	1S41	20N08	0S45	14S05	0N09	18S06	10N39	11S49

Mutual Aspects

2 ♀△♂.
4 ☉☍♇. ☿Stat.
5 ♀⚼♇. ☿∥♃.
6 ☿⚹♀. ♀⊥♄. ☉∥☿.
7 ♂⚹♅. 8 ☉∥♃.
11 ♂∠♆.
12 ♂☍♃.
13 ☉☍♂. ♀⚺♄. ♀Q♅.
14 ☉☌♃. ☉⚼♆. ♀⚼♂. ♀±♇. ♃⚼♆.
15 ☉△♅. ♀∠♃. ♀□♆. ♀#♇.
16 ☉☌☿. ☿∠♀. ☿∥♄.
17 ☿△♅. 18 ☿☌♃.
19 ♃△♅.
20 ☿⚼♆. ♀±♂. ♀∇♇.
22 ☿⊥♀. ♀#♅.
23 ☉±♆. 24 ☉∠♀.
25 ♀∇♂. ♄△♆.
26 ♀⊥♃. 27 ☿⚺♀.
28 ☿Stat.
29 ☉∇♆.
30 ☉⚺♄. ♀□♅. ☉∥♃.

LAST QUARTER–June14, 03h.28m. (23°♓09′)

NEW MOON–July20, 19h.44m. (28°♋08′)

D M	D W	Sidereal Time	☉ Long.	☉ Dec.	☽ Long.	☽ Lat.	☽ Dec.	☽ Node	24h. ☽ Long.	24h. ☽ Dec.
		h m s	° ′ ″	° ′	° ′ ″	° ′	° ′	° ′	° ′ ″	° ′
1	Su	6 38 26	9 ♋ 42 48	23 N05	21 ♏ 47 42	3 N43	14 S 37	6 ♋ 05	28 ♏ 16 22	16 S 35
2	M	6 42 23	10 40 00	23 01	4 ♐ 41 25	2 47	18 20	6 02	11 ♐ 03 02	19 51
3	T	6 46 19	11 37 12	22 56	17 21 22	1 44	21 07	5 58	23 36 37	22 07
4	W	6 50 16	12 34 23	22 51	29 48 57	0 N36	22 50	5 55	5 ♑ 58 32	23 16
5	Th	6 54 13	13 31 34	22 45	12 ♑ 05 35	0 S 32	23 25	5 52	18 10 17	23 17
6	F	6 58 09	14 28 45	22 39	24 12 50	1 37	22 52	5 49	0 ♒ 13 29	22 11
7	S	7 02 06	15 25 57	22 33	6 ♒ 12 27	2 38	21 16	5 46	12 10 03	20 07
8	Su	7 06 02	16 23 08	22 26	18 06 32	3 31	18 45	5 42	24 02 15	17 11
9	M	7 09 59	17 20 20	22 19	29 57 33	4 15	15 28	5 39	5 ♓ 52 48	13 35
10	T	7 13 55	18 17 32	22 11	11 ♓ 48 26	4 48	11 34	5 36	17 44 52	9 26
11	W	7 17 52	19 14 44	22 03	23 42 36	5 09	7 13	5 33	29 42 06	4 55
12	Th	7 21 48	20 11 57	21 55	5 ♈ 43 54	5 16	2 S 34	5 30	11 ♈ 48 32	0 S 10
13	F	7 25 45	21 09 10	21 47	17 56 31	5 10	2 N16	5 27	24 08 25	4 N42
14	S	7 29 42	22 06 24	21 37	0 ♉ 24 45	4 49	7 06	5 23	6 ♉ 46 01	9 29
15	Su	7 33 38	23 03 39	21 28	13 12 41	4 13	11 47	5 20	19 45 11	13 59
16	M	7 37 35	24 00 54	21 18	26 23 52	3 23	16 03	5 17	3 ♊ 08 58	17 57
17	T	7 41 31	24 58 10	21 08	10 ♊ 00 39	2 20	19 38	5 14	16 58 56	21 04
18	W	7 45 28	25 55 26	20 58	24 03 41	1 S 07	22 11	5 11	1 ♋ 14 36	22 58
19	Th	7 49 24	26 52 43	20 47	8 ♋ 31 14	0 N12	23 22	5 08	15 52 58	23 22
20	F	7 53 21	27 50 01	20 36	23 18 59	1 32	22 56	5 04	0 ♌ 48 21	22 06
21	S	7 57 17	28 47 19	20 24	8 ♌ 20 01	2 47	20 52	5 01	15 52 51	19 16
22	Su	8 01 14	29 ♋ 44 38	20 12	23 25 39	3 51	17 20	4 58	0 ♍ 57 17	15 08
23	M	8 05 11	0 ♌ 41 57	20 00	8 ♍ 26 37	4 38	12 42	4 55	15 52 40	10 05
24	T	8 09 07	1 39 16	19 47	23 14 33	5 06	7 22	4 52	0 ♎ 31 33	4 N34
25	W	8 13 04	2 36 36	19 35	7 ♎ 43 06	5 14	1 N45	4 48	14 48 51	1 S 04
26	Th	8 17 00	3 33 56	19 21	21 48 33	5 02	3 S 49	4 45	28 42 10	6 30
27	F	8 20 57	4 31 16	19 08	5 ♏ 29 45	4 34	9 03	4 42	12 ♏ 11 29	11 28
28	S	8 24 53	5 28 37	18 54	18 47 37	3 51	13 43	4 39	25 18 29	15 46
29	Su	8 28 50	6 25 58	18 40	1 ♐ 44 29	2 57	17 37	4 36	8 ♐ 05 59	19 14
30	M	8 32 46	7 23 20	18 25	14 23 25	1 56	20 36	4 33	20 37 11	21 43
31	T	8 36 43	8 ♌ 20 42	18 N11	26 ♐ 47 41	0 N51	22 S 33	4 ♋ 29	2 ♑ 55 20	23 S 07

D M	Mercury Lat.	Mercury Dec.		Venus Lat.	Venus Dec.		Mars Lat.	Mars Dec.		Jupiter Lat.	Jupiter Dec.
	° ′	° ′	° ′	° ′	° ′	° ′	° ′	° ′	° ′	° ′	° ′
1	4 S 15	18 N56	19 N 04	2 S 45	16 N27	16 N43	4 S 01	26 S 51	26 S 51	0 S 18	23 N07
3	4 00	19 14	19 24	2 43	16 59	17 14	4 05	26 51	26 51	0 17	23 08
5	3 41	19 35	19 48	2 41	17 29	17 43	4 07	26 51	26 51	0 17	23 08
7	3 20	20 00	20 14	2 39	17 58	18 12	4 10	26 51	26 51	0 17	23 09
9	2 56	20 27	20 41	2 36	18 25	18 39	4 11	26 51	26 51	0 17	23 09
11	2 31	20 55	21 08	2 32	18 52	19 05	4 13	26 51	26 51	0 17	23 10
13	2 05	21 21	21 34	2 29	19 17	19 29	4 14	26 51	26 51	0 17	23 10
15	1 38	21 46	21 57	2 25	19 40	19 51	4 15	26 51	26 50	0 16	23 10
17	1 11	22 07	22 16	2 20	20 02	20 12	4 15	26 50	26 50	0 16	23 10
19	0 44	22 24	22 29	2 16	20 22	20 32	4 15	26 50	26 50	0 16	23 10
21	0 S 18	22 33	22 35	2 11	20 41	20 49	4 15	26 50	26 50	0 16	23 10
23	0 N07	22 34	22 31	2 06	20 57	21 05	4 15	26 50	26 50	0 16	23 09
25	0 30	22 26	22 18	2 00	21 12	21 18	4 14	26 51	26 51	0 16	23 09
27	0 50	22 08	21 54	1 55	21 24	21 30	4 13	26 51	26 51	0 15	23 09
29	1 07	21 38	21 N 20	1 49	21 35	21 N39	4 12	26 51	26 S 52	0 15	23 08
31	1 N21	20 N59		1 S 43	21 N43		4 S 11	26 S 52		0 S 15	23 N08

FIRST QUARTER–July27, 10h.08m. (4°♏27′)

FULL MOON–July 5, 15h.04m. (13°♑39′)

D M	☿ Long.	♀ Long.	♂ Long.	♃ Long.	♄ Long.	♅ Long.	♆ Long.	♇ Long.
	° ′	° ′	° ′	° ′	° ′	° ′	° ′	° ′
1	21♊41	25♉29	17♐25	27♊25	9♊00	24♒25	8♒08	13♐14
2	22 00	26 33	17R 11	27 38	9 07	24R 24	8R 06	13R 12
3	22 23	27 38	16 58	27 52	9 14	24 22	8 05	13 11
4	22 51	28 42	16 45	28 06	9 21	24 21	8 03	13 09
5	23 24	29♉47	16 33	28 19	9 28	24 19	8 02	13 08
6	24 02	0♊52	16 22	28 33	9 35	24 17	8 01	13 07
7	24 45	1 58	16 11	28 46	9 42	24 16	7 59	13 05
8	25 32	3 03	16 01	29 00	9 49	24 14	7 58	13 04
9	26 24	4 09	15 52	29 13	9 55	24 12	7 56	13 03
10	27 21	5 15	15 44	29 27	10 02	24 11	7 55	13 02
11	28 23	6 21	15 37	29 40	10 09	24 09	7 53	13 00
12	29♊29	7 27	15 30	29♊53	10 15	24 07	7 52	12 59
13	0♋39	8 33	15 24	0♋07	10 22	24 05	7 50	12 58
14	1 54	9 39	15 19	0 20	10 28	24 03	7 49	12 57
15	3 14	10 46	15 15	0 33	10 35	24 01	7 47	12 56
16	4 37	11 53	15 12	0 46	10 41	23 59	7 45	12 55
17	6 05	13 00	15 09	1 00	10 48	23 57	7 44	12 54
18	7 37	14 07	15 07	1 13	10 54	23 55	7 42	12 52
19	9 13	15 14	15 07	1 26	11 00	23 53	7 41	12 51
20	10 53	16 21	15D 07	1 39	11 06	23 51	7 39	12 50
21	12 36	17 29	15 08	1 52	11 12	23 49	7 37	12 49
22	14 23	18 37	15 09	2 05	11 19	23 47	7 36	12 48
23	16 13	19 44	15 12	2 18	11 24	23 45	7 34	12 47
24	18 06	20 52	15 15	2 31	11 30	23 43	7 33	12 47
25	20 01	22 00	15 20	2 44	11 36	23 41	7 31	12 46
26	21 59	23 08	15 25	2 56	11 42	23 38	7 29	12 45
27	23 59	24 16	15 31	3 09	11 48	23 36	7 28	12 44
28	26 01	25 25	15 37	3 22	11 54	23 34	7 26	12 43
29	28♋05	26 33	15 45	3 34	11 59	23 32	7 24	12 42
30	0♌09	27 42	15 53	3 47	12 05	23 29	7 23	12 42
31	2♌14	28♊50	16♐02	3♋59	12♊10	23♒27	7♒21	12♐41

Lunar Aspects

D	☉	☿	♀	♂	♃	♄	♅	♆	♇
1	⚼		☍	⚺			□		
2						☍		⚹	
3		☍		☌				∠	☌
4					☍		⚹		
5	☍		⚼	⚺			∠	⚺	⚺
6						⚼	⚺		∠
7		⚼	△	∠		△		☌	
8				⚹	⚼				⚹
9	⚼	△	□		△		☌		
10				□		□		⚺	□
11	△	□					⚺	∠	
12			⚹		□	⚹	∠	⚹	
13	□		∠	△			⚹		△
14		⚹		⚼	⚹	∠			⚼
15		∠	⚺		∠	⚺		□	
16	⚹				⚺		□		
17	∠	⚺	●	☍		●		△	☍
18	⚺						△	⚼	
19		●	⚺		●	⚺	⚼		
20	☌			⚼		∠			⚼
21		⚺	∠	△	⚺	⚹		☍	△
22	⚺	∠	⚹		∠		☍		
23				□	⚹	□			□
24	∠	⚹	□					⚼	
25	⚹				□	△	⚼	△	⚹
26		□	△	⚹		⚼	△		∠
27	□		⚼	∠	△			□	
28				⚺	⚼		□		⚺
29	△	△						⚹	
30		⚼		☌		☍			☌
31	⚼		☍				⚹	∠	

D M	Saturn Lat.	Saturn Dec.	Uranus Lat.	Uranus Dec.	Neptune Lat.	Neptune Dec.	Pluto Lat.	Pluto Dec.
	° ′	° ′	° ′	° ′	° ′	° ′	° ′	° ′
1	1S41	20N08	0S45	14S05	0N09	18S06	10N39	11S49
3	1 41	20 10	0 45	14 06	0 09	18 06	10 39	11 49
5	1 41	20 12	0 45	14 07	0 09	18 07	10 38	11 49
7	1 41	20 14	0 45	14 08	0 09	18 08	10 37	11 49
9	1 41	20 16	0 45	14 10	0 09	18 09	10 37	11 50
11	1 41	20 18	0 45	14 11	0 09	18 09	10 36	11 50
13	1 42	20 20	0 45	14 12	0 09	18 10	10 36	11 50
15	1 42	20 21	0 45	14 13	0 09	18 11	10 35	11 51
17	1 42	20 23	0 45	14 15	0 09	18 12	10 34	11 51
19	1 42	20 25	0 45	14 16	0 09	18 13	10 34	11 52
21	1 42	20 26	0 45	14 18	0 09	18 14	10 33	11 52
23	1 42	20 28	0 45	14 19	0 09	18 14	10 32	11 52
25	1 42	20 29	0 45	14 20	0 09	18 15	10 31	11 53
27	1 42	20 31	0 45	14 22	0 09	18 16	10 31	11 54
29	1 43	20 32	0 45	14 23	0 08	18 17	10 30	11 54
31	1S43	20N33	0S45	14S25	0N08	18S18	10N29	11S55

Mutual Aspects

1 ☉⚼♅. 3 ♀⚺♃.
4 ☿⚼♆.
5 ☉⚻♇.
6 ☿△♅.
7 ☉⊥♄.
8 ☉⚻♂. ☿∥♄. ♀#♆.
10 ☉±♅. 11 ☉±♇.
12 ☿☌♃. ♀△♆.
13 ☉±♂.
14 ☿±♆. ☉∥☿.
15 ♀☌♄. 16 ☉⚻♅.
17 ♀☍♇.
18 ☉∠♄. ☿⚻♆.
19 ☿⚼♅. ♀☍♂. ♀∥♄. ♂Stat.
20 ☉⚼♇. ☿⚺♄. ♃±♆. ☉∥♀.
21 ☿⚻♇. ☉∥♄.
22 ☉⚼♂. ☿⚻♂.
24 ☿⊥♄. ☿±♅. ☿±♇.
25 ☉⚺♃. ♀⚼♆.
26 ☿±♂. ♀△♅.
27 ☿⚺♀. ☿⚻♅.
28 ☿∠♄.
29 ☿⚼♇. ☿∥♀.
30 ☉☍♆. ☿⚼♂.
31 ☉#♆.

LAST QUARTER–July13, 18h.45m. (21°♈25′)

NEW MOON–Aug.19, 02h.55m. (26° ♌ 12′)

D M	D W	Sidereal Time	☉ Long.	☉ Dec.	☽ Long.	☽ Lat.	☽ Dec.	☽ Node	24h. ☽ Long.	24h. ☽ Dec.
		h m s	° ′ ″	° ′	° ′ ″	° ′	° ′	° ′	° ′ ″	° ′
1	W	8 40 40	9 ♌ 18 06	17 N56	9 ♑ 00 28	0 S16	23 S24	4 ♋ 26	15 ♑ 03 26	23 S24
2	Th	8 44 36	10 15 30	17 40	21 04 33	1 21	23 07	4 23	27 04 07	22 34
3	F	8 48 33	11 12 54	17 25	3 ♒ 02 23	2 21	21 46	4 20	8 ♒ 59 37	20 44
4	S	8 52 29	12 10 20	17 09	14 56 04	3 15	19 28	4 17	20 51 56	18 00
5	Su	8 56 26	13 07 46	16 53	26 47 27	4 01	16 21	4 14	2 ♓ 42 52	14 32
6	M	9 00 22	14 05 14	16 36	8 ♓ 38 24	4 36	12 35	4 10	14 34 20	10 31
7	T	9 04 19	15 02 42	16 19	20 30 54	4 59	8 20	4 07	26 28 27	6 04
8	W	9 08 15	16 00 12	16 02	2 ♈ 27 16	5 09	3 S45	4 04	8 ♈ 27 43	1 S23
9	Th	9 12 12	16 57 43	15 45	14 30 12	5 06	1 N01	4 01	20 35 08	3 N25
10	F	9 16 09	17 55 15	15 28	26 42 57	4 48	5 49	3 58	2 ♉ 54 08	8 10
11	S	9 20 05	18 52 49	15 10	9 ♉ 09 11	4 17	10 28	3 54	15 28 35	12 42
12	Su	9 24 02	19 50 24	14 52	21 52 51	3 33	14 48	3 51	28 22 28	16 46
13	M	9 27 58	20 48 00	14 34	4 ♊ 57 54	2 37	18 33	3 48	11 ♊ 39 32	20 07
14	T	9 31 55	21 45 39	14 15	18 27 42	1 30	21 26	3 45	25 22 38	22 28
15	W	9 35 51	22 43 18	13 56	2 ♋ 24 26	0 S16	23 09	3 42	9 ♋ 33 04	23 28
16	Th	9 39 48	23 40 59	13 38	16 48 16	1 N01	23 24	3 39	24 09 37	22 55
17	F	9 43 44	24 38 42	13 18	1 ♌ 36 29	2 16	22 01	3 35	9 ♌ 08 01	20 43
18	S	9 47 41	25 36 26	12 59	16 43 11	3 23	19 03	3 32	24 20 45	17 03
19	Su	9 51 38	26 34 12	12 40	1 ♍ 59 26	4 17	14 45	3 29	9 ♍ 37 48	12 14
20	M	9 55 34	27 31 58	12 20	17 14 31	4 52	9 31	3 26	24 48 13	6 40
21	T	9 59 31	28 29 46	12 00	2 ♎ 17 43	5 06	3 N46	3 23	9 ♎ 41 59	0 N50
22	W	10 03 27	29 ♌ 27 35	11 40	17 00 11	4 59	2 S04	3 20	24 11 42	4 S54
23	Th	10 07 24	0 ♍ 25 25	11 19	1 ♏ 16 09	4 34	7 38	3 16	8 ♏ 13 22	10 13
24	F	10 11 20	1 23 17	10 59	15 03 21	3 54	12 38	3 13	21 46 17	14 51
25	S	10 15 17	2 21 10	10 38	28 22 29	3 02	16 51	3 10	4 ♐ 52 21	18 36
26	Su	10 19 13	3 19 04	10 17	11 ♐ 16 23	2 02	20 07	3 07	17 35 08	21 22
27	M	10 23 10	4 16 59	9 56	23 49 11	0 N58	22 20	3 04	29 59 06	23 01
28	T	10 27 07	5 14 55	9 35	6 ♑ 05 28	0 S08	23 26	3 00	12 ♑ 08 50	23 33
29	W	10 31 03	6 12 53	9 14	18 09 46	1 12	23 23	2 57	24 08 43	22 58
30	Th	10 35 00	7 10 52	8 52	0 ♒ 06 11	2 11	22 16	2 54	6 ♒ 02 34	21 20
31	F	10 38 56	8 ♍ 08 53	8 N31	11 ♒ 58 14	3 S05	20 S10	2 ♋ 51	17 ♒ 53 32	18 S47

D M	Mercury Lat.	Mercury Dec.	Mercury Dec.	Venus Lat.	Venus Dec.	Venus Dec.	Mars Lat.	Mars Dec.	Mars Dec.	Jupiter Lat.	Jupiter Dec.
	° ′	° ′	° ′	° ′	° ′	° ′	° ′	° ′	° ′	° ′	° ′
1	1 N27	20 N35	20 N09	1 S40	21 N46	21 N49	4 S11	26 S53	26 S53	0 S15	23 N07
3	1 36	19 41	19 11	1 34	21 51	21 53	4 09	26 53	26 54	0 15	23 07
5	1 42	18 39	18 05	1 28	21 54	21 54	4 07	26 54	26 55	0 15	23 06
7	1 46	17 29	16 52	1 21	21 54	21 54	4 06	26 55	26 56	0 15	23 05
9	1 46	16 13	15 34	1 15	21 52	21 51	4 04	26 56	26 57	0 14	23 04
11	1 43	14 53	14 12	1 08	21 48	21 45	4 02	26 57	26 58	0 14	23 03
13	1 39	13 29	12 46	1 02	21 42	21 37	4 00	26 58	26 59	0 14	23 02
15	1 32	12 03	11 19	0 55	21 33	21 27	3 58	26 59	27 00	0 14	23 01
17	1 23	10 34	9 49	0 48	21 21	21 15	3 55	27 00	27 00	0 14	23 00
19	1 13	9 04	8 19	0 42	21 07	21 00	3 53	27 01	27 01	0 14	22 59
21	1 02	7 34	6 49	0 35	20 51	20 42	3 50	27 01	27 01	0 14	22 58
23	0 49	6 04	5 19	0 28	20 33	20 23	3 48	27 01	27 02	0 13	22 57
25	0 35	4 34	3 49	0 22	20 12	20 01	3 45	27 02	27 02	0 13	22 55
27	0 21	3 04	2 20	0 15	19 49	19 37	3 43	27 01	27 01	0 13	22 54
29	0 N06	1 36	0 N53	0 09	19 24	19 N10	3 40	27 01	27 S01	0 13	22 53
31	0 S10	0 N09		0 S02	18 N56		3 S38	27 S00		0 S13	22 N52

FIRST QUARTER–Aug.25, 19h.55m. (2° ♐ 40′)

FULL MOON–Aug. 4, 05h.56m. (11°♒56′)

D M	☿ Long.	♀ Long.	♂ Long.	♃ Long.	♄ Long.	♅ Long.	♆ Long.	♇ Long.	☉	☿	♀	♂	♃	♄	♅	♆	♇
	° ′	° ′	° ′	° ′	° ′	° ′	° ′	° ′									
1	4♌20	29♊59	16♐12	4♋12	12♊16	23♒25	7♒20	12♐40					☍		∠	⚺	⚺
2	6 25	1♋08	16 22	4 24	12 21	23R 23	7R 18	12R 39				⚺			⚺		
3	8 31	2 17	16 34	4 37	12 26	23 20	7 16	12 39				∠		⚼		☌	∠
4	10 36	3 26	16 46	4 49	12 31	23 18	7 15	12 38	☍	☍	⚼	⚹	⚼	△			⚹
5	12 40	4 35	16 58	5 01	12 36	23 16	7 13	12 38							☌		
6	14 44	5 45	17 12	5 13	12 41	23 13	7 11	12 37			△		△	□		⚺	□
7	16 47	6 54	17 26	5 25	12 46	23 11	7 10	12 37				□			⚺	∠	
8	18 49	8 04	17 41	5 37	12 51	23 09	7 08	12 36	⚼	⚼			□		∠	⚹	
9	20 50	9 13	17 56	5 49	12 56	23 06	7 07	12 36	△		□	△		⚹			△
10	22 49	10 23	18 12	6 01	13 01	23 04	7 05	12 35		△				∠	⚹		⚼
11	24 47	11 33	18 29	6 13	13 05	23 01	7 03	12 35			⚹	⚼	⚹	⚺		□	
12	26 44	12 43	18 46	6 25	13 10	22 59	7 02	12 34	□	□	∠		∠		□		
13	28♌39	13 53	19 04	6 36	13 15	22 57	7 00	12 34					⚺			△	
14	0♍33	15 03	19 22	6 48	13 19	22 54	6 59	12 34	⚹		⚺	☍		●	△	⚼	☍
15	2 25	16 13	19 42	7 00	13 23	22 52	6 57	12 33	∠	⚹			●		⚼		
16	4 16	17 24	20 01	7 11	13 28	22 49	6 56	12 33		∠	☌			⚺			
17	6 06	18 34	20 22	7 22	13 32	22 47	6 54	12 33	⚺	⚺		⚼	⚺	∠		☍	⚼
18	7 54	19 45	20 42	7 34	13 36	22 45	6 53	12 33			⚺	△	∠	⚹	☍		△
19	9 40	20 55	21 04	7 45	13 40	22 42	6 51	12 33	☌		∠		⚹				
20	11 26	22 06	21 26	7 56	13 44	22 40	6 50	12 32		☌	⚹	□		□		⚼	□
21	13 10	23 17	21 48	8 07	13 47	22 38	6 48	12 32	⚺				□		⚼	△	
22	14 52	24 28	22 11	8 18	13 51	22 35	6 47	12 32	∠	⚺		⚹		△	△		⚹
23	16 33	25 39	22 35	8 29	13 55	22 33	6 45	12 32	⚹	∠	□	∠		⚼		□	∠
24	18 13	26 50	22 59	8 39	13 58	22 30	6 44	12D 32		⚹			△				⚺
25	19 51	28 01	23 24	8 50	14 02	22 28	6 42	12 32	□		△	⚺	⚼		□		
26	21 28	29♋12	23 49	9 01	14 05	22 26	6 41	12 32			⚼			☍		⚹	☌
27	23 04	0♌23	24 14	9 11	14 08	22 23	6 39	12 33		□		☌			⚹	∠	
28	24 38	1 35	24 40	9 21	14 11	22 21	6 38	12 33	△				☍		∠	⚺	
29	26 11	2 46	25 06	9 32	14 14	22 19	6 37	12 33	⚼						⚺		⚺
30	27 43	3 57	25 33	9 42	14 17	22 16	6 35	12 33		△	☍	⚺		⚼			∠
31	29♍13	5♌09	26♐00	9♋52	14♊20	22♒14	6♒34	12♐33		⚼		∠		△		☌	⚹

(Columns ☉ to ♇ at right: Lunar Aspects)

D M	Saturn Lat.	Saturn Dec.	Uranus Lat.	Uranus Dec.	Neptune Lat.	Neptune Dec.	Pluto Lat.	Pluto Dec.
	° ′	° ′	° ′	° ′	° ′	° ′	° ′	° ′
1	1S43	20N34	0S45	14S26	0N08	18S18	10N29	11S55
3	1 43	20 35	0 45	14 27	0 08	18 19	10 28	11 56
5	1 43	20 36	0 45	14 29	0 08	18 20	10 27	11 56
7	1 43	20 37	0 45	14 30	0 08	18 21	10 26	11 57
9	1 44	20 38	0 46	14 32	0 08	18 22	10 26	11 58
11	1 44	20 39	0 46	14 34	0 08	18 22	10 25	11 58
13	1 44	20 40	0 46	14 35	0 08	18 23	10 24	11 59
15	1 44	20 41	0 46	14 37	0 08	18 24	10 23	12 00
17	1 44	20 42	0 46	14 38	0 08	18 25	10 22	12 01
19	1 45	20 42	0 46	14 40	0 08	18 26	10 21	12 01
21	1 45	20 43	0 46	14 41	0 08	18 26	10 21	12 02
23	1 45	20 44	0 46	14 43	0 08	18 27	10 20	12 03
25	1 45	20 44	0 46	14 44	0 08	18 28	10 19	12 04
27	1 46	20 45	0 46	14 46	0 08	18 29	10 18	12 05
29	1 46	20 45	0 46	14 47	0 08	18 29	10 17	12 06
31	1S46	20N46	0S45	14S49	0N08	18S30	10N16	12S07

Mutual Aspects

1 ☿⚺♃. ☿∥♄.
2 ☉⊥♃. ☿☍♆. ♀±♆.
3 ☿⊥♀.
4 ☉⚹♄. ☉△♇. ☿⊥♃.
5 ☉☌☿. ☿⚹♄. ☿△♇. ♀☌♃. ♄☍♇.
6 ☿#♆.
7 ☿△♂. ♀▽♆.
8 ♀⚼♅. 9 ☿∠♃.
10 ☉△♂. ☿☍♅. ☉∥☿.
11 ☿Q♄. ☿#♅.
12 ♀⚺♄. ♀▽♇.
13 ☿∠♀. ☉#♅.
14 ☉∠♃.
15 ☉☍♅. ♃▽♆. ☿#♇.
16 ♀±♅.
17 ☉⊥♀. ☿▽♆. ♀±♇.
18 ☉Q♄. ☿⚹♃. ♀⊥♄.
19 ♀▽♂. ♃⚼♅.
20 ♀▽♅.
21 ☿□♄. ☿±♆. ☿□♇. ♂∠♆. ☉#♇.
22 ♀∥♄.
23 ♂⚹♅. ♇Stat.
25 ♀⚼♇.
26 ☿Q♃. ☿⚼♆. ♀∠♄.
27 ☿▽♅. ♀±♂.
28 ☿□♂. 29 ☉▽♆.
30 ☿±♅.

LAST QUARTER–Aug.12, 07h.53m. (19°♉41′)

NEW MOON–Sep.17, 10h.27m. (24°♍36′)

D M	D W	Sidereal Time	☉ Long.	☉ Dec.	☽ Long.	☽ Lat.	☽ Dec.	☽ Node	24h. ☽ Long.	24h. ☽ Dec.
		h m s	° ′ ″	° ′	° ′ ″	° ′	° ′	° ′	° ′ ″	° ′
1	S	10 42 53	9♍06 55	8 N09	23♒48 46	3 S50	17 S12	2♋48	29♒44 10	15 S27
2	Su	10 46 49	10 04 59	7 47	5♓39 58	4 26	13 33	2 45	11♓36 22	11 31
3	M	10 50 46	11 03 04	7 25	17 33 34	4 50	9 21	2 41	23 31 43	7 07
4	T	10 54 42	12 01 11	7 03	29 30 59	5 01	4 47	2 38	5♈31 34	2 S25
5	W	10 58 39	12 59 19	6 41	11♈33 37	4 59	0 S01	2 35	17 37 22	2 N24
6	Th	11 02 36	13 57 30	6 19	23 43 03	4 43	4 N49	2 32	29 50 54	7 12
7	F	11 06 32	14 55 42	5 56	6♉01 14	4 14	9 31	2 29	12♉14 23	11 46
8	S	11 10 29	15 53 57	5 34	18 30 43	3 33	13 55	2 26	24 50 37	15 56
9	Su	11 14 25	16 52 13	5 11	1♊14 31	2 40	17 48	2 22	7♊42 50	19 27
10	M	11 18 22	17 50 32	4 48	14 16 02	1 38	20 53	2 19	20 54 31	22 04
11	T	11 22 18	18 48 53	4 26	27 38 40	0 S29	22 56	2 16	4♋28 50	23 29
12	W	11 26 15	19 47 16	4 03	11♋25 15	0 N44	23 41	2 13	18 28 02	23 30
13	Th	11 30 11	20 45 41	3 40	25 37 11	1 56	22 55	2 10	2♌52 31	21 57
14	F	11 34 08	21 44 08	3 17	10♌13 38	3 03	20 37	2 06	17 39 56	18 54
15	S	11 38 05	22 42 37	2 54	25 10 37	3 58	16 52	2 03	2♍44 40	14 33
16	Su	11 42 01	23 41 08	2 30	10♍20 55	4 38	11 58	2 00	17 58 02	9 13
17	M	11 45 58	24 39 41	2 07	25 34 37	4 58	6 19	1 57	3♎09 17	3 N20
18	T	11 49 54	25 38 16	1 44	10♎40 42	4 57	0 N20	1 54	18 07 39	2 S39
19	W	11 53 51	26 36 53	1 21	25 29 06	4 36	5 S34	1 51	2♏44 11	8 22
20	Th	11 57 47	27 35 32	0 57	9♏52 19	3 58	11 00	1 47	16 53 06	13 28
21	F	12 01 44	28 34 12	0 34	23 46 24	3 07	15 42	1 44	0♐32 14	17 42
22	S	12 05 40	29♍32 54	0 N11	7♐10 50	2 07	19 26	1 41	13 42 33	20 53
23	Su	12 09 37	0♎31 38	0 S13	20 07 50	1 N02	22 03	1 38	26 27 16	22 55
24	M	12 13 34	1 30 24	0 36	2♑41 26	0 S04	23 29	1 35	8♑51 00	23 45
25	T	12 17 30	2 29 11	0 59	14 56 36	1 08	23 44	1 31	20 58 56	23 26
26	W	12 21 27	3 28 00	1 23	26 58 37	2 08	22 52	1 28	2♒56 16	22 02
27	Th	12 25 23	4 26 50	1 46	8♒52 29	3 02	20 58	1 25	14 47 48	19 40
28	F	12 29 20	5 25 43	2 09	20 42 43	3 47	18 11	1 22	26 37 41	16 30
29	S	12 33 16	6 24 37	2 33	2♓33 05	4 23	14 39	1 19	8♓29 17	12 39
30	Su	12 37 13	7♎23 33	2 S56	14♓26 35	4 S47	10 S32	1♋16	20♓25 12	8 S18

D M	Mercury Lat.	Mercury Dec.		Venus Lat.	Venus Dec.		Mars Lat.	Mars Dec.		Jupiter Lat.	Jupiter Dec.
	° ′	° ′	° ′	° ′	° ′	° ′	° ′	° ′	° ′	° ′	° ′
1	0 S18	0 S34	1 S 16	0 N 01	18 N42	18 N27	3 S 36	27 S 00	26 S 59	0 S 13	22 N51
3	0 35	1 58	2 39	0 07	18 11	17 55	3 33	26 58	26 57	0 13	22 50
5	0 52	3 20	4 00	0 13	17 38	17 21	3 31	26 56	26 55	0 12	22 48
7	1 09	4 40	5 19	0 19	17 04	16 46	3 28	26 54	26 53	0 12	22 47
9	1 26	5 57	6 35	0 25	16 27	16 08	3 25	26 51	26 50	0 12	22 45
11	1 42	7 11	7 47	0 30	15 48	15 28	3 22	26 48	26 46	0 12	22 44
13	1 59	8 22	8 56	0 36	15 08	14 47	3 19	26 44	26 42	0 12	22 43
15	2 15	9 29	10 02	0 41	14 26	14 04	3 16	26 40	26 37	0 12	22 41
17	2 31	10 32	11 02	0 46	13 42	13 19	3 13	26 35	26 32	0 12	22 40
19	2 46	11 30	11 58	0 51	12 57	12 33	3 10	26 29	26 26	0 11	22 39
21	3 00	12 23	12 47	0 55	12 10	11 46	3 07	26 23	26 19	0 11	22 37
23	3 12	13 09	13 30	1 00	11 21	10 57	3 04	26 16	26 12	0 11	22 36
25	3 23	13 48	14 05	1 04	10 32	10 06	3 01	26 08	26 04	0 11	22 35
27	3 32	14 18	14 30	1 08	9 41	9 15	2 58	25 59	25 55	0 11	22 34
29	3 37	14 39	14 S 44	1 11	8 49	8 N23	2 55	25 50	25 S 45	0 11	22 33
31	3 S39	14 S47		1 N 15	7 N56		2 S 52	25 S40		0 S 10	22 N32

FIRST QUARTER–Sep.24, 09h.31m. (1°♑24′)

FULL MOON–Sep. 2, 21h.43m. (10° ♓ 28′)

D M	☿ Long.	♀ Long.	♂ Long.	♃ Long.	♄ Long.	♅ Long.	♆ Long.	♇ Long.
	° ′	° ′	° ′	° ′	° ′	° ′	° ′	° ′
1	0♎42	6♌21	26♐28	10♋02	14♊23	22♒12	6♒33	12♐34
2	2 10	7 32	26 56	10 12	14 26	22R 10	6R 31	12 34
3	3 36	8 44	27 25	10 21	14 28	22 07	6 30	12 34
4	5 01	9 56	27 54	10 31	14 31	22 05	6 29	12 35
5	6 25	11 08	28 23	10 40	14 33	22 03	6 28	12 35
6	7 47	12 20	28 52	10 50	14 35	22 01	6 26	12 35
7	9 07	13 32	29 22	10 59	14 37	21 59	6 25	12 36
8	10 27	14 45	29♐53	11 08	14 40	21 57	6 24	12 36
9	11 44	15 57	0♑23	11 17	14 41	21 54	6 23	12 37
10	13 00	17 09	0 54	11 26	14 43	21 52	6 22	12 38
11	14 15	18 22	1 26	11 35	14 45	21 50	6 21	12 38
12	15 28	19 34	1 57	11 44	14 47	21 48	6 20	12 39
13	16 39	20 47	2 29	11 52	14 48	21 46	6 18	12 39
14	17 48	22 00	3 02	12 01	14 50	21 44	6 17	12 40
15	18 55	23 12	3 34	12 09	14 51	21 42	6 16	12 41
16	20 00	24 25	4 07	12 17	14 52	21 40	6 15	12 42
17	21 02	25 38	4 40	12 25	14 53	21 39	6 14	12 42
18	22 03	26 51	5 14	12 33	14 54	21 37	6 14	12 43
19	23 00	28 04	5 48	12 41	14 55	21 35	6 13	12 44
20	23 55	29♌17	6 22	12 49	14 56	21 33	6 12	12 45
21	24 47	0♍30	6 56	12 56	14 57	21 31	6 11	12 46
22	25 36	1 43	7 31	13 03	14 57	21 30	6 10	12 47
23	26 22	2 56	8 06	13 11	14 58	21 28	6 09	12 48
24	27 03	4 10	8 41	13 18	14 58	21 26	6 09	12 49
25	27 41	5 23	9 16	13 25	14 58	21 25	6 08	12 50
26	28 14	6 36	9 52	13 31	14 58	21 23	6 07	12 51
27	28 42	7 50	10 28	13 38	14R 58	21 21	6 06	12 52
28	29 06	9 03	11 04	13 44	14 58	21 20	6 06	12 53
29	29 24	10 17	11 40	13 51	14 58	21 18	6 05	12 54
30	29♎35	11♍31	12♑17	13♋57	14♊58	21♒17	6♒05	12♐56

Lunar Aspects

D M	☉	☿	♀	♂	♃	♄	♅	♆	♇
1				✱	⚼		☌		
2	☍				△			⚺	
3						□	⚺	∠	□
4			⚼	□					
5		☍	△		□	✱	∠	✱	△
6	⚼			△		∠	✱		⚼
7					✱			□	
8	△		□	⚼		⚺	□		
9		⚼			∠			△	
10	□	△	✱		⚺	●			☍
11			∠	☍			△	⚼	
12		□			●	⚺	⚼		
13	✱		⚺			∠			⚼
14	∠				⚺	✱		☍	△
15	⚺	✱	☌	⚼	∠		☍		
16		∠		△	✱	□			□
17	☌	⚺	⚺					⚼	
18			∠	□	□	△	⚼	△	✱
19	⚺	☌	✱			⚼	△		∠
20	∠			✱	△			□	⚺
21	✱	⚺		∠	⚼		□		
22		∠	□	⚺				✱	☌
23						☍	✱	∠	
24	□	✱	△				∠	⚺	
25				☌	☍				⚺
26		□	⚼			⚼	⚺		∠
27	△			⚺				☌	✱
28	⚼			∠		△	☌		
29		△			⚼			⚺	
30		⚼	☍	✱	△	□			□

D M	Saturn Lat.	Saturn Dec.	Uranus Lat.	Uranus Dec.	Neptune Lat.	Neptune Dec.	Pluto Lat.	Pluto Dec.
	° ′	° ′	° ′	° ′	° ′	° ′	° ′	° ′
1	1S46	20N46	0S45	14S50	0N08	18S30	10N16	12S07
3	1 46	20 46	0 45	14 51	0 08	18 31	10 15	12 08
5	1 47	20 47	0 45	14 53	0 08	18 32	10 14	12 09
7	1 47	20 47	0 45	14 54	0 08	18 32	10 13	12 10
9	1 47	20 47	0 45	14 55	0 08	18 33	10 12	12 11
11	1 47	20 47	0 45	14 57	0 08	18 34	10 11	12 12
13	1 48	20 47	0 45	14 58	0 08	18 34	10 11	12 13
15	1 48	20 47	0 45	14 59	0 08	18 35	10 10	12 14
17	1 48	20 47	0 45	15 00	0 08	18 35	10 09	12 15
19	1 48	20 47	0 45	15 01	0 08	18 36	10 08	12 16
21	1 49	20 47	0 45	15 03	0 08	18 36	10 07	12 17
23	1 49	20 47	0 45	15 04	0 08	18 37	10 06	12 18
25	1 49	20 47	0 45	15 05	0 08	18 37	10 06	12 19
27	1 49	20 47	0 45	15 06	0 08	18 37	10 05	12 20
29	1 50	20 46	0 45	15 07	0 08	18 38	10 04	12 21
31	1S50	20N46	0S45	15S07	0N08	18S38	10N03	12S22

Mutual Aspects

1 ☿ Q ♇. ♀ ☍ ♆.
2 ☉ ✱ ♃. ♀ # ♆.
4 ☉ ± ♆.
5 ☉ □ ♇. ☿ ⚼ ♅. ☿ △ ♆. ♀ ⚺ ♃.
6 ♀ △ ♇. 7 ☉ □ ♄.
8 ♀ ⚼ ♂. ♀ ✱ ♄. ☉ # ☿.
9 ☿ □ ♃. ♂ ⊥ ♆.
10 ☿ ✱ ♇. ♀ ⊥ ♃.
11 ☿ △ ♄.
13 ☉ ⚺ ♀. ♀ # ♅.
14 ☉ ▽ ♅. ☉ ⚼ ♆. ♀ ☍ ♅.
17 ☉ Q ♃.
18 ☿ △ ♅. ♀ Q ♄.
19 ♀ ∠ ♃. ♃ ▽ ♇.
20 ☉ ± ♅. ♂ ∠ ♅. ♂ ⚺ ♆.
21 ☿ # ♀. ☿ ∥ ♇. ♀ # ♇.
22 ☿ Q ♂. 23 ☉ Q ♇.
25 ☿ ∠ ♇.
26 ♀ ▽ ♆.
27 ♄ Stat.
28 ☿ Q ♂.
29 ☉ ⚼ ♅. ☉ △ ♆.
30 ♀ ± ♆.

LAST QUARTER–Sep.10, 18h.59m. (18° ♊ 08′)

NEW MOON – Oct.16, 19h.23m. (23°♎30′)

D M	D W	Sidereal Time	☉ Long.	☉ Dec.	☽ Long.	☽ Lat.	☽ Dec.	☽ Node	24h. ☽ Long.	24h. ☽ Dec.
		h m s	° ′ ″	° ′	° ′ ″	° ′	° ′	° ′	° ′ ″	° ′
1	M	12 41 09	8 ♎ 22 31	3 S 19	26 ♓ 25 21	4 S 59	5 S 59	1 ♋ 12	2 ♈ 27 11	3 S 36
2	T	12 45 06	9 21 31	3 43	8 ♈ 30 52	4 57	1 S 11	1 09	14 36 28	1 N17
3	W	12 49 03	10 20 33	4 06	20 44 05	4 42	3 N44	1 06	26 53 49	6 11
4	Th	12 52 59	11 19 37	4 29	3 ♉ 05 44	4 13	8 34	1 03	9 ♉ 19 57	10 54
5	F	12 56 56	12 18 43	4 52	15 36 34	3 32	13 08	1 00	21 55 44	15 14
6	S	13 00 52	13 17 51	5 15	28 17 38	2 40	17 11	0 57	4 ♊ 42 27	18 57
7	Su	13 04 49	14 17 02	5 38	11 ♊ 10 26	1 39	20 29	0 53	17 41 51	21 47
8	M	13 08 45	15 16 15	6 01	24 16 59	0 S31	22 48	0 50	0 ♋ 56 07	23 30
9	T	13 12 42	16 15 30	6 24	7 ♋ 39 34	0 N40	23 53	0 47	14 27 34	23 54
10	W	13 16 38	17 14 48	6 46	21 20 22	1 50	23 33	0 44	28 18 07	22 51
11	Th	13 20 35	18 14 08	7 09	5 ♌ 20 53	2 55	21 46	0 41	12 ♌ 28 36	20 20
12	F	13 24 32	19 13 30	7 32	19 41 06	3 51	18 34	0 37	26 58 02	16 30
13	S	13 28 28	20 12 55	7 54	4 ♍ 18 51	4 33	14 10	0 34	11 ♍ 42 53	11 36
14	Su	13 32 25	21 12 22	8 16	19 09 17	4 57	8 51	0 31	26 37 01	5 N58
15	M	13 36 21	22 11 51	8 39	4 ♎ 05 02	5 01	2 N59	0 28	11 ♎ 32 09	0 S01
16	T	13 40 18	23 11 22	9 01	18 57 12	4 45	3 S01	0 25	26 19 05	5 58
17	W	13 44 14	24 10 55	9 23	3 ♏ 36 45	4 10	8 47	0 22	10 ♏ 49 21	11 28
18	Th	13 48 11	25 10 30	9 44	17 56 08	3 20	13 58	0 18	24 56 36	16 14
19	F	13 52 07	26 10 07	10 06	1 ♐ 50 22	2 20	18 15	0 15	8 ♐ 37 19	19 59
20	S	13 56 04	27 09 46	10 28	15 17 28	1 13	21 25	0 12	21 50 58	22 33
21	Su	14 00 01	28 09 27	10 49	28 18 10	0 N04	23 22	0 09	4 ♑ 39 27	23 51
22	M	14 03 57	29 ♎ 09 10	11 10	10 ♑ 55 21	1 S03	24 02	0 06	17 06 27	23 55
23	T	14 07 54	0 08 54	11 31	23 13 20	2 06	23 30	0 ♋ 03	29 16 40	22 49
24	W	14 11 50	1 08 40	11 52	5 ♒ 17 07	3 01	21 53	29 ♊ 59	11 ♒ 15 20	20 42
25	Th	14 15 47	2 08 27	12 13	17 11 58	3 48	19 18	29 56	23 07 39	17 43
26	F	14 19 43	3 08 17	12 34	29 02 58	4 25	15 57	29 53	4 ♓ 58 29	14 01
27	S	14 23 40	4 08 08	12 54	10 ♓ 54 43	4 51	11 57	29 50	16 52 08	9 46
28	Su	14 27 36	5 08 00	13 14	22 51 09	5 04	7 29	29 47	28 52 08	5 07
29	M	14 31 33	6 07 55	13 34	4 ♈ 55 23	5 04	2 S41	29 43	11 ♈ 01 08	0 S13
30	T	14 35 30	7 07 51	13 54	17 09 36	4 50	2 N17	29 40	23 20 54	4 N46
31	W	14 39 26	8 ♏ 07 49	14 S13	29 ♈ 35 08	4 S22	7 N14	29 ♊ 37	5 ♉ 52 20	9 N40

D M	Mercury Lat.	Mercury Dec.	Mercury Dec. (int.)	Venus Lat.	Venus Dec.	Venus Dec. (int.)	Mars Lat.	Mars Dec.	Mars Dec. (int.)	Jupiter Lat.	Jupiter Dec.
	° ′	° ′	° ′	° ′	° ′	° ′	° ′	° ′	° ′	° ′	° ′
1	3 S 39	14 S 47	14 S 46	1 N 15	7 N56	7 N29	2 S 52	25 S 40	25 S 35	0 S 10	22 N32
3	3 37	14 41	14 32	1 18	7 02	6 35	2 49	25 30	25 24	0 10	22 30
5	3 29	14 19	14 02	1 21	6 07	5 39	2 46	25 18	25 12	0 10	22 30
7	3 15	13 40	13 14	1 23	5 11	4 43	2 43	25 06	25 00	0 10	22 29
9	2 53	12 43	12 08	1 25	4 15	3 47	2 40	24 53	24 46	0 10	22 28
11	2 24	11 29	10 47	1 27	3 18	2 49	2 37	24 39	24 32	0 10	22 27
13	1 49	10 03	9 18	1 29	2 21	1 52	2 34	24 25	24 17	0 09	22 26
15	1 09	8 32	7 48	1 31	1 23	0 N54	2 31	24 10	24 02	0 09	22 26
17	0 S 28	7 06	6 27	1 32	0 N25	0 S05	2 28	23 53	23 45	0 09	22 25
19	0 N12	5 52	5 22	1 32	0 S34	1 03	2 25	23 36	23 28	0 09	22 24
21	0 47	4 58	4 39	1 33	1 32	2 02	2 22	23 19	23 09	0 09	22 24
23	1 16	4 26	4 19	1 33	2 31	3 00	2 19	23 00	22 51	0 08	22 24
25	1 39	4 18	4 22	1 33	3 29	3 58	2 16	22 41	22 31	0 08	22 24
27	1 55	4 31	4 44	1 33	4 27	4 56	2 13	22 21	22 10	0 08	22 23
29	2 05	5 01	5 S 22	1 32	5 25	5 S54	2 10	22 00	21 S 49	0 08	22 23
31	2 N09	5 S 46		1 N 31	6 S23		2 S 07	21 S 38		0 S 08	22 N23

FIRST QUARTER – Oct.24, 02h.58m. (0°♒46′)

EPHEMERIS]				OCTOBER 2001														21
D	☿	♀	♂	♃	♄	♅	♆	♇	Lunar Aspects									
M	Long.	Long.	Long.	Long.	Long.	Long.	Long.	Long.	☉	☿	♀	♂	♃	♄	♅	♆	♇
	° ′	° ′	° ′	° ′	° ′	° ′	° ′	° ′									
1	29♎41	12♍44	12♑53	14♋03	14♊57	21♒16	6♒04	12♐57							⚺	∠	
2	29R 39	13 58	13 30	14 09	14R 57	21R 14	6R 04	12 58	☍			□	□		∠	⚹	△
3	29 31	15 12	14 08	14 14	14 56	21 13	6 03	12 59						⚹	⚹		
4	29 15	16 26	14 45	14 20	14 55	21 12	6 03	13 01		☍	⚼			∠		□	⚼
5	28 51	17 39	15 23	14 25	14 54	21 10	6 02	13 02			△	△	⚹	⚺	□		
6	28 19	18 53	16 00	14 30	14 53	21 09	6 02	13 03	⚼			⚼	∠				
7	27 39	20 07	16 38	14 35	14 52	21 08	6 01	13 05	△	⚼			⚺	●		△	☍
8	26 52	21 21	17 16	14 40	14 51	21 07	6 01	13 06		△	□				△	⚼	
9	25 58	22 35	17 55	14 45	14 50	21 06	6 01	13 08							⚼		
10	24 57	23 50	18 33	14 49	14 48	21 05	6 01	13 09	□	□	⚹	☍	☌	⚺			⚼
11	23 50	25 04	19 12	14 54	14 47	21 04	6 00	13 11			∠			∠		☍	
12	22 40	26 18	19 51	14 58	14 45	21 03	6 00	13 12	⚹	⚹	⚺		⚺	⚹	☍		△
13	21 28	27 32	20 30	15 02	14 43	21 02	6 00	13 14	∠	∠		⚼	∠				
14	20 16	28♍47	21 09	15 06	14 42	21 01	6 00	13 15	⚺	⚺		△	⚹	□		⚼	□
15	19 05	0♎01	21 48	15 09	14 40	21 01	6 00	13 17			☌				⚼	△	
16	17 59	1 15	22 27	15 13	14 38	21 00	6 00	13 19	☌	☌		□	□	△	△		⚹
17	16 58	2 30	23 07	15 16	14 35	20 59	6 00	13 20			⚺			⚼		□	∠
18	16 05	3 44	23 47	15 19	14 33	20 58	6D 00	13 22		⚺	∠	⚹	△		□		⚺
19	15 21	4 59	24 27	15 22	14 31	20 58	6 00	13 24	⚺	∠	⚹		⚼			⚹	
20	14 48	6 13	25 07	15 24	14 28	20 57	6 00	13 25	∠	⚹		∠		☍	⚹	∠	☌
21	14 25	7 28	25 47	15 27	14 26	20 57	6 00	13 27	⚹			⚺					
22	14 14	8 42	26 27	15 29	14 23	20 56	6 00	13 29		□	□		☍		∠	⚺	⚺
23	14D 13	9 57	27 08	15 31	14 20	20 56	6 00	13 31				●			⚺		∠
24	14 24	11 12	27 48	15 33	14 18	20 56	6 00	13 32	□					⚼		☌	
25	14 46	12 27	28 29	15 35	14 15	20 55	6 00	13 34		△	△			△	☌		⚹
26	15 17	13 41	29 10	15 36	14 12	20 55	6 01	13 36	△	⚼	⚼	⚺	⚼				
27	15 57	14 56	29♑51	15 38	14 09	20 55	6 01	13 38				∠	△	□		⚺	□
28	16 45	16 11	0♒32	15 39	14 05	20 55	6 01	13 40	⚼						⚺	∠	
29	17 41	17 26	1 13	15 40	14 02	20 55	6 02	13 42				⚹			∠	⚹	
30	18 43	18 41	1 54	15 41	13 59	20 55	6 02	13 44		☍	☍		□	⚹	⚹		△
31	19♎51	19♎55	2♒36	15♋41	13♊55	20♒55	6♒03	13♐46				□		∠			⚼

D	Saturn		Uranus		Neptune		Pluto	
M	Lat.	Dec.	Lat.	Dec.	Lat.	Dec.	Lat.	Dec.
	° ′	° ′	° ′	° ′	° ′	° ′	° ′	° ′
1	1S50	20N46	0S45	15S07	0N08	18S38	10N03	12S22
3	1 50	20 46	0 45	15 08	0 08	18 38	10 02	12 23
5	1 50	20 45	0 45	15 09	0 08	18 38	10 02	12 25
7	1 51	20 45	0 45	15 10	0 08	18 39	10 01	12 26
9	1 51	20 44	0 45	15 10	0 08	18 39	10 00	12 27
11	1 51	20 44	0 45	15 11	0 07	18 39	9 59	12 28
13	1 51	20 43	0 45	15 11	0 07	18 39	9 59	12 29
15	1 51	20 43	0 45	15 12	0 07	18 39	9 58	12 30
17	1 52	20 42	0 44	15 12	0 07	18 39	9 57	12 31
19	1 52	20 41	0 44	15 13	0 07	18 39	9 57	12 32
21	1 52	20 41	0 44	15 13	0 07	18 39	9 56	12 33
23	1 52	20 40	0 44	15 13	0 07	18 39	9 55	12 34
25	1 52	20 39	0 44	15 13	0 07	18 39	9 55	12 35
27	1 52	20 38	0 44	15 13	0 07	18 39	9 54	12 36
29	1 53	20 37	0 44	15 13	0 07	18 39	9 54	12 37
31	1S53	20N36	0S44	15S13	0N07	18S39	9N53	12S38

Mutual Aspects

1 ♀△♂. ♀□♇. ♂⚺♇. ☿Stat.
2 ♀⚹♃.
3 ☿∠♀. ♀□♄. ♂☍♃.
4 ♂⚻♄. 5 ♂⊥♅.
6 ☉⚹♇. ☿∠♇. ☉#♀.
7 ☉□♃.
8 ☉△♄. ☿⊥♀. ♀⚻♅. ♀⚼♆.
9 ☿∥♇.
10 ☿⚺♀. ♃⚺♄.
11 ♂⊥♇.
13 ☿△♅. ♀Q♃. ♀±♅. ♂±♄. ♃±♅.
14 ☉☌☿. ☉□♂. ☉△♅. ☿□♂. ♂⚺♅.
15 ☉∥☿. 16 ♀Q♇.
18 ♆Stat.
19 ☿□♃.
20 ♀⚼♅. ♀△♆.
21 ☉∠♇. ☿△♄.
22 ☉⚼♄. 23 ☿Stat.
24 ☿△♄.
25 ♂∠♇.
26 ♀△♄. ♀⚹♇. ♂⚼♄. ☉∥♇.
27 ☿□♃. ☿∥♀. ♂#♃.
28 ♀□♃. 29 ☉□♆.
30 ☿☌♀. ♅Stat.
31 ☉±♄. ☉⊥♇.

NEW MOON–Nov.15, 06h.40m. (22°♏58′)

D M	D W	Sidereal Time	☉ Long.	☉ Dec.	☽ Long.	☽ Lat.	☽ Dec.	☽ Node	24h. ☽ Long.	24h. ☽ Dec.
		h m s	° ′ ″	° ′	° ′ ″	° ′	° ′	° ′	° ′ ″	° ′
1	Th	14 43 23	9 ♏ 07 49	14 S 32	12 ♉ 12 31	3 S 41	12 N 00	29 ♊ 34	18 ♉ 35 41	14 N 14
2	F	14 47 19	10 07 50	14 51	25 01 46	2 48	16 19	29 31	1 ♊ 30 46	18 13
3	S	14 51 16	11 07 54	15 10	8 ♊ 02 36	1 45	19 55	29 28	14 37 15	21 22
4	Su	14 55 12	12 08 00	15 29	21 14 43	0 S 36	22 33	29 24	27 54 58	23 25
5	M	14 59 09	13 08 08	15 47	4 ♋ 38 01	0 N 36	23 58	29 21	11 ♋ 23 55	24 09
6	T	15 03 05	14 08 18	16 05	18 12 41	1 48	23 59	29 18	25 04 23	23 26
7	W	15 07 02	15 08 30	16 23	1 ♌ 59 02	2 54	22 33	29 15	8 ♌ 56 38	21 18
8	Th	15 10 59	16 08 44	16 40	15 57 11	3 51	19 43	29 12	23 00 34	17 51
9	F	15 14 55	17 09 00	16 57	0 ♍ 06 39	4 34	15 43	29 09	7 ♍ 15 13	13 20
10	S	15 18 52	18 09 18	17 14	14 25 55	5 02	10 46	29 05	21 38 22	8 02
11	Su	15 22 48	19 09 38	17 31	28 52 01	5 10	5 N 11	29 02	6 ♎ 06 18	2 N 16
12	M	15 26 45	20 09 59	17 47	13 ♎ 20 31	4 59	0 S 41	28 59	20 33 56	3 S 37
13	T	15 30 41	21 10 23	18 03	27 45 49	4 29	6 30	28 56	4 ♏ 55 24	9 17
14	W	15 34 38	22 10 49	18 19	12 ♏ 01 56	3 42	11 55	28 53	19 04 46	14 23
15	Th	15 38 34	23 11 16	18 34	26 03 19	2 43	16 38	28 49	2 ♐ 57 04	18 38
16	F	15 42 31	24 11 45	18 49	9 ♐ 45 39	1 35	20 21	28 46	16 28 51	21 46
17	S	15 46 28	25 12 16	19 04	23 06 30	0 N 23	22 52	28 43	29 38 37	23 39
18	Su	15 50 24	26 12 48	19 18	6 ♑ 05 20	0 S 47	24 05	28 40	12 ♑ 26 51	24 13
19	M	15 54 21	27 13 21	19 32	18 43 28	1 54	24 01	28 37	24 55 37	23 31
20	T	15 58 17	28 13 56	19 46	1 ♒ 03 44	2 54	22 45	28 34	7 ♒ 08 20	21 43
21	W	16 02 14	29 ♏ 14 31	19 59	13 10 00	3 45	20 27	28 30	19 09 17	18 59
22	Th	16 06 10	0 ♐ 15 08	20 12	25 06 50	4 25	17 19	28 27	1 ♓ 03 14	15 29
23	F	16 10 07	1 15 46	20 25	6 ♓ 59 08	4 54	13 30	28 24	12 55 07	11 23
24	S	16 14 03	2 16 26	20 37	18 51 48	5 10	9 10	28 21	24 49 45	6 51
25	Su	16 18 00	3 17 06	20 49	0 ♈ 49 31	5 13	4 S 28	28 18	6 ♈ 51 35	2 S 01
26	M	16 21 57	4 17 47	21 00	12 56 25	5 03	0 N 28	28 14	19 04 25	2 N 58
27	T	16 25 53	5 18 30	21 11	25 15 55	4 38	5 28	28 11	1 ♉ 31 14	7 56
28	W	16 29 50	6 19 14	21 22	7 ♉ 50 32	3 59	10 21	28 08	14 13 59	12 41
29	Th	16 33 46	7 19 58	21 32	20 41 39	3 08	14 55	28 05	27 13 32	16 59
30	F	16 37 43	8 ♐ 20 44	21 S 42	3 ♊ 49 32	2 S 05	18 N 52	28 ♊ 02	10 ♊ 29 33	20 N 32

D M	Mercury Lat.	Mercury Dec.		Venus Lat.	Venus Dec.		Mars Lat.	Mars Dec.		Jupiter Lat.	Jupiter Dec.
	° ′	° ′	° ′	° ′	° ′	° ′	° ′	° ′	° ′	° ′	° ′
1	2 N 10	6 S 12	6 S 41	1 N 31	6 S 51	7 S 20	2 S 05	21 S 27	21 S 16	0 S 08	22 N 24
3	2 09	7 12	7 45	1 29	7 48	8 16	2 02	21 04	20 53	0 07	22 24
5	2 04	8 18	8 53	1 28	8 44	9 12	1 59	20 41	20 29	0 07	22 24
7	1 57	9 28	10 04	1 26	9 40	10 07	1 56	20 17	20 04	0 07	22 24
9	1 48	10 41	11 17	1 24	10 34	11 01	1 53	19 52	19 39	0 07	22 25
11	1 37	11 54	12 30	1 22	11 28	11 54	1 50	19 26	19 13	0 06	22 25
13	1 25	13 07	13 42	1 19	12 20	12 46	1 47	19 00	18 46	0 06	22 26
15	1 13	14 18	14 53	1 16	13 12	13 37	1 44	18 33	18 19	0 06	22 27
17	1 00	15 28	16 02	1 13	14 02	14 26	1 41	18 05	17 51	0 06	22 28
19	0 46	16 35	17 08	1 10	14 50	15 14	1 39	17 37	17 23	0 06	22 29
21	0 32	17 39	18 10	1 07	15 38	16 01	1 36	17 08	16 54	0 05	22 30
23	0 18	18 41	19 10	1 03	16 23	16 45	1 33	16 39	16 24	0 05	22 31
25	0 N 05	19 38	20 06	0 59	17 07	17 28	1 30	16 09	15 54	0 05	22 32
27	0 S 09	20 32	20 58	0 56	17 49	18 09	1 27	15 38	15 23	0 05	22 33
29	0 22	21 22	21 S 46	0 51	18 29	18 S 48	1 24	15 07	14 S 52	0 04	22 35
31	0 S 35	22 S 08		0 N 47	19 S 07		1 S 21	14 S 36		0 S 04	22 N 36

FIRST QUARTER–Nov.22, 23h.21m. (0°♓44′)

FULL MOON–Nov. 1, 05h.41m. (8°♉52′) & Nov.30, 20h.49m. (8°♊43′)

D	☿	♀	♂	♃	♄	♅	♆	♇	Lunar Aspects								
M	Long.	Long.	Long.	Long.	Long.	Long.	Long.	Long.	☉	☿	♀	♂	♃	♄	♅	♆	♇
	° ′	° ′	° ′	° ′	° ′	° ′	° ′	° ′									
1	21♎04	21♎10	3♒17	15♋41	13♊52	20♒55	6♒03	13♐48	☍				✱	⊻		□	
2	22 21	22 25	3 59	15 41	13R 48	20D 55	6 04	13 50					∠		□		
3	23 42	23 40	4 40	15R 41	13 45	20 55	6 04	13 52		⚼	⚼	△		●		△	☍
4	25 05	24 55	5 22	15 41	13 41	20 55	6 05	13 54	⚼	△	△	⚼	⊻		△	⚼	
5	26 32	26 10	6 04	15 41	13 37	20 55	6 05	13 56							⚼		
6	28 00	27 25	6 46	15 40	13 33	20 56	6 06	13 58	△				☌	⊻			
7	29♎30	28 40	7 28	15 39	13 29	20 56	6 07	14 00		□	□	☍		∠		☍	⚼
8	1♏02	29♎55	8 10	15 38	13 25	20 56	6 07	14 02	□				⊻	✱	☍		△
9	2 34	1♏11	8 52	15 37	13 21	20 57	6 08	14 04		✱	✱		∠				
10	4 08	2 26	9 35	15 35	13 17	20 57	6 09	14 06	✱	∠	∠		✱	□		⚼	□
11	5 42	3 41	10 17	15 34	13 13	20 58	6 10	14 08	∠		⊻	⚼			⚼		
12	7 17	4 56	10 59	15 32	13 08	20 59	6 10	14 10		⊻		△	□	△		△	✱
13	8 52	6 11	11 42	15 30	13 04	20 59	6 11	14 13	⊻					⚼	△		∠
14	10 28	7 26	12 24	15 27	13 00	21 00	6 12	14 15		☌	☌	□	△			□	⊻
15	12 04	8 42	13 07	15 25	12 55	21 01	6 13	14 17	☌				⚼		□		
16	13 40	9 57	13 50	15 22	12 51	21 02	6 14	14 19		⊻	⊻	✱		☍		✱	☌
17	15 15	11 12	14 32	15 19	12 46	21 02	6 15	14 21	⊻		∠				✱	∠	
18	16 51	12 27	15 15	15 16	12 42	21 03	6 16	14 24	∠	∠		∠			∠	⊻	
19	18 27	13 43	15 58	15 13	12 37	21 04	6 17	14 26		✱	✱	⊻	☍		⊻		⊻
20	20 03	14 58	16 41	15 10	12 32	21 05	6 18	14 28	✱					⚼		☌	∠
21	21 39	16 13	17 24	15 06	12 28	21 06	6 19	14 30			□	☌		△			✱
22	23 14	17 29	18 07	15 02	12 23	21 08	6 21	14 33	□	□			⚼		☌		
23	24 49	18 44	18 50	14 58	12 18	21 09	6 22	14 35						□		⊻	
24	26 25	19 59	19 34	14 54	12 13	21 10	6 23	14 37			△	⊻	△		⊻	∠	□
25	28 00	21 15	20 17	14 50	12 08	21 11	6 24	14 39	△	△		∠			∠	✱	
26	29♏35	22 30	21 00	14 45	12 04	21 13	6 25	14 42		⚼	⚼		□	✱			△
27	1♐10	23 46	21 43	14 40	11 59	21 14	6 27	14 44	⚼			✱		∠	✱		⚼
28	2 44	25 01	22 27	14 36	11 54	21 15	6 28	14 46						⊻		□	
29	4 19	26 16	23 10	14 30	11 49	21 17	6 29	14 48			☍	□	✱		□		
30	5♐53	27♏32	23♒54	14♋25	11♊44	21♒18	6♒31	14♐51	☍	☍			∠			△	

D	Saturn		Uranus		Neptune		Pluto	
M	Lat.	Dec.	Lat.	Dec.	Lat.	Dec.	Lat.	Dec.
	° ′	° ′	° ′	° ′	° ′	° ′	° ′	° ′
1	1S53	20N36	0S44	15S13	0N07	18S39	9N53	12S39
3	1 53	20 35	0 44	15 13	0 07	18 38	9 52	12 40
5	1 53	20 34	0 44	15 13	0 07	18 38	9 52	12 41
7	1 53	20 33	0 44	15 13	0 07	18 38	9 51	12 41
9	1 53	20 32	0 44	15 12	0 07	18 38	9 51	12 42
11	1 53	20 31	0 44	15 12	0 07	18 37	9 50	12 43
13	1 53	20 30	0 44	15 11	0 07	18 37	9 50	12 44
15	1 53	20 29	0 43	15 11	0 07	18 36	9 49	12 45
17	1 53	20 28	0 43	15 10	0 07	18 36	9 49	12 46
19	1 53	20 26	0 43	15 09	0 07	18 35	9 49	12 47
21	1 53	20 25	0 43	15 09	0 07	18 35	9 48	12 48
23	1 53	20 24	0 43	15 08	0 07	18 34	9 48	12 49
25	1 53	20 23	0 43	15 07	0 07	18 34	9 48	12 49
27	1 53	20 22	0 43	15 06	0 07	18 33	9 47	12 50
29	1 53	20 21	0 43	15 05	0 07	18 32	9 47	12 51
31	1S53	20N19	0S43	15S04	0N07	18S32	9N47	12S52

Mutual Aspects

1 ☿△♅. ♀△♅.
2 ♄☍♇. ♃Stat.
3 ☿☌♀. ☉∥♅.
5 ☉∇♄. ♂☌♆.
6 ☉⊻♇. ☿⚼♄. ♂#♄.
7 ☿∠♇. ♀⚼♄. ♀∠♇.
8 ☉△♃. ☿∥♀.
11 ☿□♆.
12 ☿±♄. ☿∥♇.
13 ☉□♅. ☿⊥♇. ♀□♆.
14 ♀±♄. ♀∥♇.
15 ♀⊥♇. ♂△♄. ☉∥♂. ☉∥♆. ♂∥♆.
16 ☉Q♆. ☿□♂. ☿∇♄. ☿⊻♇. ☿∥♅.
17 ☿△♃. ♂✱♇.
18 ♀∇♄. ♂∇♃.
20 ♀△♃. ♀⊻♇. ☿∥♂. ♀∥♅.
21 ☿□♅. ♃±♅.
22 ☉⚼♃.
23 ☿Q♆. ♀□♂. ☉#♄. ☿∥♆. ♀∥♂.
25 ♀□♅.
26 ☿⚼♃. ♂±♃. ♂☌♅.
27 ♃∇♇. ☿#♄.
28 ☉✱♆. ♀Q♆.
29 ♀∥♆. ♂∥♅.
30 ☉±♃. ☿✱♆. ☉∥☿.

LAST QUARTER–Nov. 8, 12h.21m. (16°♌10′)

NEW MOON – Dec.14, 20h.47m. (22° ♐ 56′)

D M	D W	Sidereal Time	☉ Long.	☉ Dec.	☽ Long.	☽ Lat.	☽ Dec.	☽ Node	24h. ☽ Long.	24h. ☽ Dec.
		h m s	° ′ ″	° ′	° ′ ″	° ′	° ′	° ′	° ′ ″	° ′
1	S	16 41 39	9 ♐ 21 32	21 S 51	17 ♊ 13 23	0 S 55	21 N55	27 ♊ 59	24 ♊ 00 47	23 N01
2	Su	16 45 36	10 22 20	22 00	0 ♋ 51 28	0 N20	23 47	27 55	7 ♋ 45 08	24 11
3	M	16 49 32	11 23 10	22 09	14 41 27	1 35	24 13	27 52	21 40 05	23 51
4	T	16 53 29	12 24 01	22 17	28 40 40	2 46	23 08	27 49	5 ♌ 42 55	22 02
5	W	16 57 26	13 24 54	22 25	12 ♌ 46 28	3 46	20 35	27 46	19 51 01	18 50
6	Th	17 01 22	14 25 47	22 32	26 56 16	4 34	16 49	27 43	4 ♍ 01 57	14 33
7	F	17 05 19	15 26 42	22 39	11 ♍ 07 46	5 04	12 05	27 40	18 13 28	9 27
8	S	17 09 15	16 27 38	22 45	25 18 45	5 16	6 42	27 36	2 ♎ 23 23	3 N52
9	Su	17 13 12	17 28 36	22 51	9 ♎ 27 04	5 09	1 N00	27 33	16 29 32	1 S 53
10	M	17 17 08	18 29 34	22 56	23 30 27	4 44	4 S 44	27 30	0 ♏ 29 33	7 30
11	T	17 21 05	19 30 34	23 01	7 ♏ 26 31	4 02	10 11	27 27	14 21 02	12 43
12	W	17 25 01	20 31 35	23 06	21 12 47	3 06	15 04	27 24	28 01 31	17 13
13	Th	17 28 58	21 32 37	23 10	4 ♐ 46 55	2 01	19 07	27 20	11 ♐ 28 47	20 45
14	F	17 32 55	22 33 40	23 14	18 06 54	0 N50	22 05	27 17	24 41 07	23 06
15	S	17 36 51	23 34 43	23 17	1 ♑ 11 19	0 S 22	23 48	27 14	7 ♑ 37 29	24 11
16	Su	17 40 48	24 35 48	23 20	13 59 36	1 32	24 14	27 11	20 17 47	23 58
17	M	17 44 44	25 36 53	23 22	26 32 09	2 36	23 24	27 08	2 ♒ 42 56	22 33
18	T	17 48 41	26 37 58	23 24	8 ♒ 50 22	3 31	21 27	27 05	14 54 49	20 06
19	W	17 52 37	27 39 04	23 25	20 56 37	4 16	18 33	27 01	26 56 14	16 49
20	Th	17 56 34	28 40 10	23 26	2 ♓ 54 08	4 49	14 56	26 58	8 ♓ 50 48	12 54
21	F	18 00 30	29 ♐ 41 16	23 26	14 46 47	5 10	10 45	26 55	20 42 40	8 30
22	S	18 04 27	0 ♑ 42 22	23 26	26 39 01	5 17	6 11	26 52	2 ♈ 36 25	3 S 47
23	Su	18 08 24	1 43 29	23 26	8 ♈ 35 28	5 11	1 S 21	26 49	14 36 47	1 N06
24	M	18 12 20	2 44 36	23 25	20 40 55	4 51	3 N35	26 46	26 48 26	6 03
25	T	18 16 17	3 45 43	23 23	2 ♉ 59 50	4 17	8 29	26 42	9 ♉ 15 37	10 51
26	W	18 20 13	4 46 50	23 21	15 36 11	3 31	13 09	26 39	22 01 54	15 20
27	Th	18 24 10	5 47 57	23 19	28 33 00	2 32	17 22	26 36	5 ♊ 09 41	19 12
28	F	18 28 06	6 49 05	23 16	11 ♊ 52 01	1 24	20 49	26 33	18 39 55	22 10
29	S	18 32 03	7 50 12	23 12	25 33 15	0 S 09	23 13	26 30	2 ♋ 31 43	23 54
30	Su	18 35 59	8 51 20	23 09	9 ♋ 34 53	1 N08	24 13	26 26	16 42 16	24 09
31	M	18 39 56	9 ♑ 52 28	23 S 04	23 ♋ 53 14	2 N22	23 N40	26 ♊ 23	1 ♌ 07 04	22 N47

D M	Mercury Lat.	Mercury Dec.		Venus Lat.	Venus Dec.		Mars Lat.	Mars Dec.		Jupiter Lat.	Jupiter Dec.
	° ′	° ′	° ′	° ′	° ′	° ′	° ′	° ′	° ′	° ′	° ′
1	0 S 35	22 S 08	22 S 29	0 N 47	19 S 07	19 S 25	1 S 21	14 S 36	14 S 20	0 S 04	22 N36
3	0 48	22 49	23 08	0 43	19 43	20 00	1 19	14 04	13 48	0 04	22 38
5	1 00	23 26	23 43	0 39	20 17	20 33	1 16	13 31	13 15	0 04	22 39
7	1 11	23 58	24 12	0 34	20 48	21 03	1 13	12 59	12 42	0 03	22 41
9	1 22	24 25	24 37	0 29	21 17	21 31	1 11	12 25	12 08	0 03	22 42
11	1 32	24 47	24 56	0 25	21 44	21 56	1 08	11 52	11 35	0 03	22 44
13	1 41	25 04	25 10	0 20	22 08	22 19	1 05	11 18	11 00	0 02	22 45
15	1 49	25 15	25 19	0 15	22 29	22 39	1 03	10 43	10 26	0 02	22 47
17	1 56	25 21	25 22	0 10	22 48	22 56	1 00	10 09	9 51	0 02	22 49
19	2 02	25 21	25 18	0 06	23 04	23 11	0 57	9 34	9 16	0 02	22 50
21	2 07	25 15	25 09	0 N 01	23 17	23 23	0 55	8 58	8 41	0 01	22 52
23	2 10	25 02	24 54	0 S 04	23 28	23 32	0 52	8 23	8 05	0 01	22 54
25	2 12	24 44	24 33	0 09	23 35	23 38	0 50	7 47	7 29	0 S 01	22 55
27	2 11	24 20	24 05	0 14	23 39	23 41	0 47	7 11	6 53	0 00	22 57
29	2 09	23 49	23 S 32	0 18	23 41	23 S 41	0 45	6 35	6 S 17	0 00	22 59
31	2 S 05	23 S 13		0 S 23	23 S 40		0 S 43	5 S 59		0 00	23 N00

FIRST QUARTER – Dec.22, 20h.56m. (1° ♈ 05′)

FULL MOON–Dec.30, 10h.41m. (8°♋48′)

D	☿	♀	♂	♃	♄	♅	♆	♇	Lunar Aspects								
M	Long.	Long.	Long.	Long.	Long.	Long.	Long.	Long.	☉	☿	♀	♂	♃	♄	♅	♆	♇
	° ′	° ′	° ′	° ′	° ′	° ′	° ′	° ′									
1	7♐ 28	28♏47	24♒37	14♋20	11♊ 39	21♒20	6♒32	14♐ 53					⚺	☌	△	⚼	☍
2	9 02	0♐ 03	25 20	14R 14	11R 34	21 21	6 34	14 55				△			⚼		
3	10 36	1 18	26 04	14 09	11 29	21 23	6 35	14 58			⚼	⚼	☌	⚺			
4	12 11	2 33	26 48	14 03	11 24	21 25	6 37	15 00	⚼	⚼	△			∠			⚼
5	13 45	3 49	27 31	13 57	11 19	21 26	6 38	15 02	△	△			⚺	⚹		☍	△
6	15 19	5 04	28 15	13 51	11 14	21 28	6 40	15 05				☍	∠		☍		
7	16 53	6 20	28 58	13 44	11 10	21 30	6 41	15 07	□	□	□		⚹	□			□
8	18 28	7 35	29♒42	13 38	11 05	21 32	6 43	15 09								⚼	
9	20 02	8 51	0♓26	13 31	11 00	21 34	6 45	15 11			⚹	⚼	□	△	⚼	△	⚹
10	21 36	10 06	1 09	13 25	10 55	21 36	6 46	15 14	⚹	⚹	∠			⚼	△		∠
11	23 10	11 22	1 53	13 18	10 50	21 38	6 48	15 16	∠	∠	⚺	△	△			□	
12	24 45	12 37	2 37	13 11	10 45	21 40	6 50	15 18	⚺	⚺					□		⚺
13	26 19	13 53	3 21	13 04	10 40	21 42	6 51	15 21				□	⚼	☍		⚹	
14	27 54	15 08	4 05	12 57	10 36	21 44	6 53	15 23	☌		☌				⚹	∠	☌
15	29♐ 29	16 24	4 48	12 50	10 31	21 46	6 55	15 25		☌		⚹			∠	⚺	
16	1♑04	17 39	5 32	12 42	10 26	21 48	6 57	15 28			⚺		☍				⚺
17	2 39	18 55	6 16	12 35	10 22	21 51	6 58	15 30	⚺			∠		⚼	⚺		∠
18	4 14	20 10	7 00	12 27	10 17	21 53	7 00	15 32	∠	⚺	∠	⚺		△		☌	
19	5 49	21 26	7 44	12 20	10 12	21 55	7 02	15 34		∠	⚹				☌		⚹
20	7 24	22 41	8 28	12 12	10 08	21 58	7 04	15 37	⚹	⚹		☌	⚼			⚺	
21	8 59	23 57	9 12	12 04	10 03	22 00	7 06	15 39					△	□			□
22	10 35	25 12	9 56	11 56	9 59	22 03	7 08	15 41	□		□				⚺	∠	
23	12 10	26 28	10 40	11 48	9 54	22 05	7 10	15 43		□		⚺	□	⚹	∠	⚹	
24	13 45	27 43	11 23	11 41	9 50	22 08	7 12	15 46				∠		∠	⚹		△
25	15 21	28♐ 59	12 07	11 33	9 46	22 10	7 14	15 48	△		△					□	⚼
26	16 56	0♑14	12 51	11 25	9 42	22 13	7 15	15 50	⚼	△	⚼	⚹	⚹	⚺			
27	18 31	1 30	13 35	11 16	9 37	22 15	7 17	15 52		⚼			∠		□		
28	20 06	2 45	14 19	11 08	9 33	22 18	7 20	15 55				□	⚺	☌		△	☍
29	21 41	4 01	15 03	11 00	9 29	22 21	7 22	15 57							△	⚼	
30	23 15	5 16	15 47	10 52	9 25	22 23	7 24	15 59	☍		☍	△	☌	⚺	⚼		
31	24♑49	6♑32	16♓31	10♋44	9♊ 21	22♒26	7♒26	16♐ 01		☍				∠			⚼

D	Saturn		Uranus		Neptune		Pluto	
M	Lat.	Dec.	Lat.	Dec.	Lat.	Dec.	Lat.	Dec.
	° ′	° ′	° ′	° ′	° ′	° ′	° ′	° ′
1	1S53	20N19	0S43	15S04	0N07	18S32	9N47	12S52
3	1 52	20 18	0 43	15 03	0 07	18 31	9 47	12 52
5	1 52	20 17	0 43	15 02	0 07	18 30	9 46	12 53
7	1 52	20 16	0 43	15 01	0 07	18 30	9 46	12 54
9	1 52	20 15	0 43	14 59	0 07	18 29	9 46	12 54
11	1 52	20 14	0 43	14 58	0 07	18 28	9 46	12 55
13	1 51	20 13	0 43	14 57	0 07	18 27	9 46	12 55
15	1 51	20 11	0 43	14 55	0 07	18 26	9 46	12 56
17	1 51	20 10	0 42	14 54	0 06	18 25	9 46	12 57
19	1 51	20 09	0 42	14 52	0 06	18 25	9 46	12 57
21	1 50	20 08	0 42	14 51	0 06	18 24	9 46	12 58
23	1 50	20 07	0 42	14 49	0 06	18 23	9 46	12 58
25	1 50	20 07	0 42	14 47	0 06	18 22	9 46	12 58
27	1 49	20 06	0 42	14 46	0 06	18 21	9 46	12 59
29	1 49	20 05	0 42	14 44	0 06	18 20	9 46	12 59
31	1S48	20N04	0S42	14S42	0N06	18S19	9N46	13S00

Mutual Aspects

1 ☉Q♅. ♀⚼♃.
2 ☿±♃. ☿Q♅. ☿♯♃.
3 ☉☍♄.
4 ☉☌☿. ☿☍♄. ♂Q♇.
5 ☉∇♃. ☿∇♃. ♀♯♄.
6 ☿☌♇.
7 ☉☌♇. ☿Q♂. ♀⚹♆. ♂⚼♃. ☉♯♃.
♂∥♇.
8 ♀±♃.
10 ☿⚹♅. ☿∠♆. ♀Q♅.
11 ♀☍♄.
12 ☉Q♂. ♀∇♃.
13 ☉⚹♅. ☉∠♆.
14 ♀☌♇.
16 ☿⊥♆.
17 ♀♯♃.
18 ♂⚺♆.
19 ♀⚹♅. ♀∠♆.
20 ☿∠♅. ☿⚺♆.
21 ☿⚹♂.
22 ☉⊥♆. ☿∇♄. ♂□♄.
23 ☿☍♃. ☉∥♀.
24 ♂△♃.
25 ☿±♄. ☿⚺♇.
26 ☿⊥♅.
27 ♀Q♂. ♀⊥♆. ♂⊥♆.
28 ☉∠♅.
29 ☉⚺♆. ☿⚺♅. ☿⊥♇. ☿∥♀.
30 ♂□♇.
31 ☉∇♄. ☿⚼♄.

LAST QUARTER–Dec. 7, 19h.52m. (15°♍47′)

JANUARY

D	☉	☽	☽Dec.	☿	♀	♂
	° ′ ″	° ′ ″	° ′	° ′	° ′	′
1	1 01 10	12 19 50	4 38	1 38	1 06	35
2	1 01 09	12 38 43	4 49	1 38	1 06	35
3	1 01 09	13 01 37	4 51	1 38	1 06	35
4	1 01 09	13 27 38	4 39	1 39	1 05	35
5	1 01 08	13 55 11	4 10	1 39	1 05	35
6	1 01 08	14 22 05	3 20	1 39	1 05	35
7	1 01 08	14 45 37	2 08	1 39	1 04	35
8	1 01 08	15 03 00	0 36	1 40	1 04	35
9	1 01 07	15 11 54	1 03	1 40	1 04	35
10	1 01 07	15 11 07	2 37	1 40	1 03	35
11	1 01 07	15 00 54	3 52	1 40	1 03	34
12	1 01 06	14 42 51	4 43	1 40	1 03	34
13	1 01 06	14 19 30	5 10	1 40	1 02	34
14	1 01 06	13 53 37	5 16	1 39	1 02	34
15	1 01 06	13 27 43	5 06	1 39	1 02	34
16	1 01 06	13 03 39	4 43	1 38	1 01	34
17	1 01 06	12 42 37	4 10	1 37	1 01	34
18	1 01 05	12 25 12	3 27	1 36	1 00	34
19	1 01 05	12 11 29	2 37	1 35	1 00	34
20	1 01 05	12 01 17	1 41	1 33	0 59	34
21	1 01 04	11 54 13	0 41	1 30	0 59	34
22	1 01 03	11 49 53	0 21	1 28	0 59	34
23	1 01 03	11 47 54	1 20	1 24	0 58	34
24	1 01 02	11 48 01	2 15	1 21	0 58	34
25	1 01 01	11 50 07	3 02	1 16	0 57	33
26	1 01 00	11 54 15	3 41	1 11	0 56	33
27	1 00 59	12 00 38	4 10	1 05	0 56	33
28	1 00 58	12 09 35	4 31	0 58	0 55	33
29	1 00 57	12 21 30	4 43	0 50	0 55	33
30	1 00 55	12 36 41	4 45	0 42	0 54	33
31	1 00 54	12 55 18	4 36	0 32	0 53	33

FEBRUARY

D	☉	☽	☽Dec.	☿	♀	♂
	° ′ ″	° ′ ″	° ′	° ′	° ′	′
1	1 00 53	13 17 12	4 14	0 22	0 52	33
2	1 00 51	13 41 43	3 34	0 12	0 52	33
3	1 00 50	14 07 32	2 35	0 01	0 51	33
4	1 00 49	14 32 37	1 16	0 10	0 50	33
5	1 00 47	14 54 15	0 17	0 21	0 49	32
6	1 00 46	15 09 30	1 54	0 32	0 48	32
7	1 00 44	15 15 47	3 22	0 42	0 48	32
8	1 00 43	15 11 41	4 30	0 50	0 47	32
9	1 00 42	14 57 29	5 12	0 58	0 46	32
10	1 00 41	14 35 04	5 29	1 04	0 45	32
11	1 00 39	14 07 27	5 24	1 08	0 44	32
12	1 00 38	13 37 57	5 02	1 10	0 42	32
13	1 00 37	13 09 24	4 28	1 10	0 41	32
14	1 00 36	12 43 57	3 44	1 08	0 40	31
15	1 00 35	12 22 52	2 53	1 05	0 39	31
16	1 00 34	12 06 42	1 56	1 00	0 38	31
17	1 00 33	11 55 30	0 55	0 55	0 36	31
18	1 00 31	11 48 55	0 07	0 48	0 35	31
19	1 00 30	11 46 22	1 07	0 41	0 34	31
20	1 00 28	11 47 13	2 03	0 34	0 32	31
21	1 00 27	11 50 44	2 53	0 26	0 31	30
22	1 00 25	11 56 17	3 34	0 19	0 29	30
23	1 00 23	12 03 21	4 07	0 12	0 27	30
24	1 00 22	12 11 37	4 30	0 04	0 26	30
25	1 00 20	12 21 00	4 44	0 02	0 24	30
26	1 00 18	12 31 38	4 47	0 09	0 22	30
27	1 00 16	12 43 48	4 38	0 15	0 20	30
28	1 00 14	12 57 55	4 17	0 20	0 18	29

MARCH

D	☉	☽	☽Dec.	☿	♀	♂
	° ′ ″	° ′ ″	° ′	° ′	° ′	′
1	1 00 12	13 14 16	3 41	0 26	0 16	29
2	1 00 10	13 32 54	2 49	0 30	0 14	29
3	1 00 08	13 53 21	1 40	0 35	0 12	29
4	1 00 06	14 14 33	0 17	0 39	0 10	29
5	1 00 04	14 34 38	1 15	0 43	0 07	29
6	1 00 02	14 51 06	2 44	0 47	0 05	28
7	0 59 59	15 01 13	4 01	0 50	0 03	28
8	0 59 57	15 02 43	4 58	0 54	0 00	28
9	0 59 55	14 54 32	5 30	0 57	0 02	28
10	0 59 54	14 37 17	5 37	0 59	0 05	28
11	0 59 52	14 13 05	5 24	1 02	0 07	27
12	0 59 50	13 44 59	4 54	1 05	0 10	27
13	0 59 48	13 16 09	4 10	1 07	0 12	27
14	0 59 47	12 49 16	3 16	1 09	0 15	27
15	0 59 45	12 26 15	2 17	1 11	0 17	26
16	0 59 43	12 08 14	1 14	1 13	0 20	26
17	0 59 42	11 55 42	0 10	1 15	0 22	26
18	0 59 40	11 48 38	0 52	1 17	0 24	26
19	0 59 38	11 46 39	1 50	1 19	0 26	25
20	0 59 36	11 49 06	2 42	1 20	0 28	25
21	0 59 34	11 55 12	3 26	1 22	0 30	25
22	0 59 32	12 04 00	4 03	1 24	0 32	25
23	0 59 30	12 14 34	4 30	1 25	0 33	24
24	0 59 28	12 26 02	4 47	1 27	0 35	24
25	0 59 26	12 37 42	4 53	1 28	0 36	24
26	0 59 24	12 49 12	4 47	1 30	0 37	23
27	0 59 22	13 00 27	4 28	1 31	0 37	23
28	0 59 20	13 11 42	3 53	1 33	0 38	23
29	0 59 18	13 23 21	3 03	1 34	0 38	23
30	0 59 16	13 35 47	1 57	1 35	0 38	22
31	0 59 13	13 49 11	0 38	1 37	0 37	22

APRIL

D	☉	☽	☽Dec.	☿	♀	♂
	° ′ ″	° ′ ″	° ′	° ′	° ′	′
1	0 59 11	14 03 13	0 48	1 38	0 37	22
2	0 59 08	14 16 59	2 15	1 40	0 36	21
3	0 59 06	14 28 55	3 32	1 41	0 35	21
4	0 59 04	14 37 03	4 34	1 43	0 34	20
5	0 59 01	14 39 24	5 16	1 44	0 32	20
6	0 58 59	14 34 36	5 36	1 45	0 30	20
7	0 58 57	14 22 21	5 35	1 47	0 29	19
8	0 58 55	14 03 39	5 14	1 48	0 27	19
9	0 58 53	13 40 31	4 36	1 50	0 24	19
10	0 58 52	13 15 25	3 45	1 51	0 22	18
11	0 58 50	12 50 52	2 45	1 53	0 20	18
12	0 58 48	12 28 55	1 39	1 54	0 18	17
13	0 58 46	12 11 04	0 32	1 56	0 15	17
14	0 58 45	11 58 13	0 33	1 57	0 13	16
15	0 58 43	11 50 47	1 34	1 59	0 10	16
16	0 58 41	11 48 47	2 28	2 00	0 08	15
17	0 58 40	11 51 54	3 15	2 02	0 05	15
18	0 58 38	11 59 30	3 54	2 03	0 03	14
19	0 58 36	12 10 45	4 25	2 04	0 00	14
20	0 58 34	12 24 34	4 46	2 05	0 02	13
21	0 58 32	12 39 47	4 57	2 06	0 04	13
22	0 58 31	12 55 13	4 57	2 07	0 06	12
23	0 58 29	13 09 48	4 42	2 08	0 09	12
24	0 58 27	13 22 50	4 11	2 08	0 11	11
25	0 58 25	13 33 59	3 23	2 09	0 13	10
26	0 58 23	13 43 20	2 17	2 09	0 15	10
27	0 58 21	13 51 15	0 58	2 08	0 17	9
28	0 58 19	13 58 09	0 28	2 08	0 19	9
29	0 58 17	14 04 17	1 54	2 07	0 21	8
30	0 58 15	14 09 31	3 12	2 06	0 22	7

MAY

D	☉	☽	☽Dec.	☿	♀	♂
	° ′ ″	° ′ ″	° ′	° ′	° ′	′
1	0 58 13	14 13 22	4 15	2 04	0 24	7
2	0 58 11	14 14 54	5 00	2 02	0 26	6
3	0 58 09	14 13 07	5 26	2 00	0 27	5
4	0 58 07	14 07 09	5 33	1 58	0 29	5
5	0 58 05	13 56 39	5 21	1 56	0 30	4
6	0 58 03	13 41 57	4 53	1 53	0 32	3
7	0 58 02	13 24 01	4 09	1 50	0 33	3
8	0 58 00	13 04 19	3 13	1 47	0 35	2
9	0 57 59	12 44 32	2 08	1 43	0 36	1
10	0 57 57	12 26 14	0 59	1 40	0 37	0
11	0 57 56	12 10 49	0 10	1 37	0 38	0
12	0 57 55	11 59 18	1 14	1 33	0 39	1
13	0 57 53	11 52 25	2 12	1 30	0 40	2
14	0 57 52	11 50 31	3 01	1 26	0 42	3
15	0 57 51	11 53 44	3 42	1 22	0 43	3
16	0 57 50	12 01 50	4 15	1 19	0 43	4
17	0 57 48	12 14 18	4 39	1 15	0 44	5
18	0 57 47	12 30 21	4 55	1 11	0 45	6
19	0 57 46	12 48 49	5 00	1 07	0 46	6
20	0 57 45	13 08 22	4 53	1 03	0 47	7
21	0 57 44	13 27 27	4 29	0 59	0 48	8
22	0 57 42	13 44 39	3 47	0 55	0 48	9
23	0 57 41	13 58 47	2 46	0 51	0 49	9
24	0 57 40	14 09 08	1 26	0 46	0 50	10
25	0 57 39	14 15 30	0 04	0 42	0 51	11
26	0 57 37	14 18 08	1 35	0 38	0 51	11
27	0 57 36	14 17 31	2 57	0 33	0 52	12
28	0 57 34	14 14 17	4 03	0 29	0 52	13
29	0 57 33	14 08 53	4 50	0 24	0 53	13
30	0 57 31	14 01 38	5 18	0 20	0 54	14
31	0 57 30	13 52 41	5 28	0 15	0 54	15

JUNE

D	☉	☽	☽Dec.	☿	♀	♂
	° ′ ″	° ′ ″	° ′	° ′	° ′	′
1	0 57 29	13 42 02	5 21	0 10	0 55	15
2	0 57 27	13 29 47	4 59	0 06	0 55	16
3	0 57 26	13 16 08	4 22	0 01	0 56	16
4	0 57 25	13 01 28	3 32	0 03	0 56	17
5	0 57 24	12 46 22	2 31	0 08	0 57	17
6	0 57 24	12 31 36	1 24	0 12	0 57	18
7	0 57 23	12 17 58	0 14	0 16	0 57	18
8	0 57 22	12 06 21	0 53	0 20	0 58	18
9	0 57 21	11 57 31	1 54	0 23	0 58	19
10	0 57 21	11 52 11	2 46	0 26	0 59	19
11	0 57 20	11 50 54	3 29	0 29	0 59	19
12	0 57 20	11 54 04	4 03	0 31	0 59	19
13	0 57 19	12 01 53	4 29	0 32	1 00	19
14	0 57 19	12 14 18	4 47	0 34	1 00	20
15	0 57 19	12 30 56	4 56	0 34	1 00	20
16	0 57 18	12 51 06	4 54	0 34	1 01	20
17	0 57 18	13 13 38	4 39	0 33	1 01	20
18	0 57 18	13 37 01	4 07	0 32	1 01	19
19	0 57 17	13 59 22	3 15	0 30	1 02	19
20	0 57 17	14 18 41	2 01	0 28	1 02	19
21	0 57 17	14 33 12	0 31	0 25	1 02	19
22	0 57 16	14 41 36	1 06	0 22	1 02	19
23	0 57 16	14 43 22	2 37	0 18	1 03	18
24	0 57 15	14 38 48	3 52	0 14	1 03	18
25	0 57 14	14 28 55	4 46	0 10	1 03	17
26	0 57 14	14 15 10	5 17	0 06	1 03	17
27	0 57 13	13 59 05	5 29	0 01	1 03	16
28	0 57 13	13 42 01	5 23	0 04	1 04	16
29	0 57 12	13 25 02	5 03	0 08	1 04	15
30	0 57 12	13 08 48	4 29	0 13	1 04	15

JULY

D	☉	☽	☽Dec.	☿	♀	♂
	° ′ ″	° ′ ″	° ′	° ′	° ′	′
1	0 57 12	12 53 43	3 43	0 18	1 04	14
2	0 57 11	12 39 57	2 47	0 23	1 05	13
3	0 57 11	12 27 35	1 43	0 28	1 05	13
4	0 57 11	12 16 38	0 35	0 33	1 05	12
5	0 57 11	12 07 15	0 33	0 38	1 05	11
6	0 57 11	11 59 38	1 36	0 43	1 05	11
7	0 57 12	11 54 05	2 31	0 48	1 05	10
8	0 57 12	11 51 01	3 17	0 52	1 06	9
9	0 57 12	11 50 53	3 54	0 57	1 06	8
10	0 57 12	11 54 10	4 21	1 02	1 06	7
11	0 57 13	12 01 19	4 39	1 06	1 06	7
12	0 57 13	12 12 37	4 50	1 11	1 06	6
13	0 57 14	12 28 13	4 51	1 15	1 06	5
14	0 57 14	12 47 56	4 40	1 19	1 07	4
15	0 57 15	13 11 11	4 16	1 24	1 07	3
16	0 57 16	13 36 47	3 35	1 28	1 07	3
17	0 57 16	14 03 02	2 33	1 32	1 07	2
18	0 57 17	14 27 34	1 11	1 36	1 07	1
19	0 57 18	14 47 45	0 26	1 40	1 07	0
20	0 57 18	15 01 02	2 04	1 43	1 07	1
21	0 57 19	15 05 38	3 32	1 47	1 08	2
22	0 57 19	15 00 58	4 38	1 50	1 08	3
23	0 57 19	14 47 56	5 20	1 53	1 08	3
24	0 57 20	14 28 33	5 37	1 56	1 08	4
25	0 57 20	14 05 27	5 34	1 58	1 08	5
26	0 57 20	13 41 12	5 14	2 00	1 08	6
27	0 57 21	13 17 52	4 40	2 02	1 08	7
28	0 57 21	12 56 52	3 54	2 03	1 08	7
29	0 57 22	12 38 56	2 59	2 04	1 09	8
30	0 57 23	12 24 17	1 57	2 05	1 09	9
31	0 57 23	12 12 47	0 51	2 06	1 09	10

AUGUST

D	☉	☽	☽Dec.	☿	♀	♂
	° ′ ″	° ′ ″	° ′	° ′	° ′	′
1	0 57 24	12 04 05	0 17	2 06	1 09	11
2	0 57 25	11 57 50	1 21	2 06	1 09	11
3	0 57 26	11 53 40	2 18	2 05	1 09	12
4	0 57 26	11 51 23	3 07	2 05	1 09	13
5	0 57 27	11 50 57	3 46	2 04	1 09	13
6	0 57 29	11 52 30	4 15	2 03	1 09	14
7	0 57 30	11 56 21	4 35	2 02	1 10	15
8	0 57 31	12 02 56	4 46	2 01	1 10	15
9	0 57 32	12 12 45	4 48	1 59	1 10	16
10	0 57 34	12 26 14	4 40	1 58	1 10	17
11	0 57 35	12 43 40	4 20	1 57	1 10	17
12	0 57 37	13 05 02	3 45	1 55	1 10	18
13	0 57 38	13 29 48	2 53	1 54	1 10	19
14	0 57 40	13 56 45	1 42	1 52	1 10	19
15	0 57 41	14 23 49	0 15	1 51	1 10	20
16	0 57 43	14 48 13	1 23	1 50	1 10	20
17	0 57 44	15 06 41	2 58	1 48	1 11	21
18	0 57 45	15 16 15	4 18	1 47	1 11	21
19	0 57 47	15 15 05	5 15	1 45	1 11	22
20	0 57 48	15 03 12	5 45	1 44	1 11	23
21	0 57 49	14 42 28	5 50	1 42	1 11	23
22	0 57 50	14 15 59	5 33	1 41	1 11	24
23	0 57 51	13 47 12	5 00	1 40	1 11	24
24	0 57 53	13 19 08	4 13	1 38	1 11	25
25	0 57 54	12 53 54	3 16	1 37	1 11	25
26	0 57 55	12 32 48	2 13	1 36	1 11	25
27	0 57 57	12 16 17	1 06	1 34	1 11	26
28	0 57 58	12 04 18	0 02	1 33	1 11	26
29	0 57 59	11 56 25	1 07	1 32	1 12	27
30	0 58 01	11 52 03	2 06	1 30	1 12	27
31	0 58 02	11 50 31	2 57	1 29	1 12	28

SEPTEMBER

D	☉ ° ′ ″	☽ ° ′ ″	☽Dec. ° ′	☿ ° ′	♀ ° ′	♂ ′
1	0 58 04	11 51 12	3 39	1 28	1 12	28
2	0 58 05	11 53 36	4 12	1 26	1 12	28
3	0 58 07	11 57 25	4 34	1 25	1 12	29
4	0 58 09	12 02 38	4 47	1 24	1 12	29
5	0 58 11	12 09 25	4 50	1 22	1 12	30
6	0 58 12	12 18 12	4 42	1 21	1 12	30
7	0 58 14	12 29 29	4 24	1 19	1 12	30
8	0 58 17	12 43 48	3 52	1 18	1 12	31
9	0 58 19	13 01 31	3 06	1 16	1 12	31
10	0 58 21	13 22 38	2 03	1 14	1 12	31
11	0 58 23	13 46 35	0 44	1 13	1 13	32
12	0 58 25	14 11 57	0 45	1 11	1 13	32
13	0 58 27	14 36 26	2 19	1 09	1 13	32
14	0 58 29	14 56 59	3 45	1 07	1 13	33
15	0 58 31	15 10 18	4 54	1 05	1 13	33
16	0 58 33	15 13 42	5 39	1 03	1 13	33
17	0 58 35	15 06 05	5 59	1 00	1 13	34
18	0 58 37	14 48 23	5 54	0 58	1 13	34
19	0 58 39	14 23 13	5 27	0 55	1 13	34
20	0 58 40	13 54 05	4 42	0 52	1 13	34
21	0 58 42	13 24 26	3 44	0 49	1 13	35
22	0 58 44	12 57 00	2 37	0 45	1 13	35
23	0 58 46	12 33 36	1 26	0 42	1 13	35
24	0 58 47	12 15 11	0 15	0 38	1 13	35
25	0 58 49	12 02 00	0 52	0 33	1 13	36
26	0 58 51	11 53 52	1 54	0 28	1 13	36
27	0 58 52	11 50 14	2 47	0 23	1 14	36
28	0 58 54	11 50 23	3 32	0 18	1 14	36
29	0 58 56	11 53 29	4 07	0 12	1 14	37
30	0 58 58	11 58 46	4 33	0 05	1 14	37

OCTOBER

D	☉ ° ′ ″	☽ ° ′ ″	☽Dec. ° ′	☿ ° ′	♀ ° ′	♂ ′
1	0 59 00	12 05 31	4 49	0 01	1 14	37
2	0 59 02	12 13 13	4 55	0 09	1 14	37
3	0 59 04	12 21 39	4 50	0 16	1 14	37
4	0 59 06	12 30 50	4 33	0 24	1 14	38
5	0 59 08	12 41 04	4 03	0 32	1 14	38
6	0 59 11	12 52 48	3 19	0 40	1 14	38
7	0 59 13	13 06 33	2 19	0 47	1 14	38
8	0 59 15	13 22 35	1 05	0 55	1 14	38
9	0 59 18	13 40 48	0 19	1 01	1 14	38
10	0 59 20	14 00 31	1 48	1 06	1 14	39
11	0 59 22	14 20 14	3 12	1 10	1 14	39
12	0 59 25	14 37 45	4 24	1 12	1 14	39
13	0 59 27	14 50 25	5 19	1 12	1 14	39
14	0 59 29	14 55 45	5 51	1 10	1 14	39
15	0 59 31	14 52 10	6 01	1 07	1 14	39
16	0 59 33	14 39 33	5 46	1 01	1 14	40
17	0 59 35	14 19 23	5 10	0 53	1 14	40
18	0 59 37	13 54 14	4 17	0 44	1 15	40
19	0 59 39	13 27 05	3 10	0 34	1 15	40
20	0 59 41	13 00 42	1 56	0 23	1 15	40
21	0 59 43	12 37 12	0 41	0 11	1 15	40
22	0 59 44	12 17 58	0 32	0 00	1 15	40
23	0 59 46	12 03 47	1 38	0 11	1 15	41
24	0 59 48	11 54 51	2 34	0 21	1 15	41
25	0 59 49	11 51 00	3 22	0 31	1 15	41
26	0 59 51	11 51 45	3 59	0 40	1 15	41
27	0 59 53	11 56 26	4 28	0 48	1 15	41
28	0 59 54	12 04 14	4 48	0 56	1 15	41
29	0 59 56	12 14 13	4 58	1 02	1 15	41
30	0 59 58	12 25 32	4 58	1 08	1 15	41
31	1 00 00	12 37 23	4 45	1 13	1 15	41

NOVEMBER

D	☉ ° ′ ″	☽ ° ′ ″	☽Dec. ° ′	☿ ° ′	♀ ° ′	♂ ′
1	1 00 02	12 49 15	4 19	1 17	1 15	42
2	1 00 04	13 00 50	3 37	1 21	1 15	42
3	1 00 06	13 12 07	2 38	1 24	1 15	42
4	1 00 08	13 23 19	1 25	1 26	1 15	42
5	1 00 10	13 34 40	0 01	1 28	1 15	42
6	1 00 12	13 46 20	1 26	1 30	1 15	42
7	1 00 14	13 58 09	2 49	1 32	1 15	42
8	1 00 16	14 09 29	4 01	1 33	1 15	42
9	1 00 18	14 19 16	4 57	1 34	1 15	42
10	1 00 20	14 26 06	5 34	1 34	1 15	42
11	1 00 22	14 28 29	5 52	1 35	1 15	42
12	1 00 24	14 25 18	5 49	1 35	1 15	42
13	1 00 26	14 16 07	5 26	1 36	1 15	43
14	1 00 27	14 01 22	4 43	1 36	1 15	43
15	1 00 29	13 42 21	3 43	1 36	1 15	43
16	1 00 31	13 20 51	2 31	1 36	1 15	43
17	1 00 32	12 58 50	1 13	1 36	1 15	43
18	1 00 33	12 38 08	0 04	1 36	1 15	43
19	1 00 35	12 20 15	1 16	1 36	1 15	43
20	1 00 36	12 06 16	2 18	1 36	1 15	43
21	1 00 37	11 56 50	3 09	1 36	1 15	43
22	1 00 38	11 52 18	3 49	1 35	1 15	43
23	1 00 39	11 52 41	4 20	1 35	1 15	43
24	1 00 40	11 57 43	4 42	1 35	1 15	43
25	1 00 41	12 06 54	4 56	1 35	1 15	43
26	1 00 43	12 19 31	5 00	1 35	1 15	43
27	1 00 44	12 34 37	4 53	1 35	1 15	43
28	1 00 45	12 51 07	4 33	1 35	1 15	43
29	1 00 46	13 07 53	3 57	1 35	1 15	43
30	1 00 47	13 23 51	3 03	1 34	1 15	43

DECEMBER

D	☉ ° ′ ″	☽ ° ′ ″	☽Dec. ° ′	☿ ° ′	♀ ° ′	♂ ′
1	1 00 49	13 38 05	1 51	1 34	1 15	43
2	1 00 50	13 49 59	0 26	1 34	1 15	44
3	1 00 51	13 59 13	1 05	1 34	1 15	44
4	1 00 52	14 05 47	2 32	1 34	1 15	44
5	1 00 54	14 09 49	3 47	1 34	1 15	44
6	1 00 55	14 11 30	4 44	1 34	1 15	44
7	1 00 56	14 11 00	5 23	1 34	1 15	44
8	1 00 57	14 08 19	5 42	1 34	1 15	44
9	1 00 59	14 03 23	5 44	1 34	1 15	44
10	1 01 00	13 56 04	5 27	1 34	1 15	44
11	1 01 01	13 46 16	4 53	1 34	1 16	44
12	1 01 02	13 34 08	4 03	1 35	1 16	44
13	1 01 03	13 19 59	2 58	1 35	1 16	44
14	1 01 04	13 04 25	1 44	1 35	1 16	44
15	1 01 04	12 48 17	0 25	1 35	1 16	44
16	1 01 05	12 32 33	0 50	1 35	1 16	44
17	1 01 05	12 18 13	1 57	1 35	1 16	44
18	1 01 06	12 06 15	2 53	1 35	1 16	44
19	1 01 06	11 57 30	3 37	1 35	1 16	44
20	1 01 06	11 52 40	4 11	1 35	1 16	44
21	1 01 06	11 52 13	4 34	1 35	1 16	44
22	1 01 07	11 56 28	4 49	1 35	1 16	44
23	1 01 07	12 05 26	4 56	1 35	1 16	44
24	1 01 07	12 18 55	4 54	1 35	1 16	44
25	1 01 07	12 36 21	4 40	1 35	1 16	44
26	1 01 07	12 56 49	4 13	1 35	1 16	44
27	1 01 07	13 19 00	3 28	1 35	1 16	44
28	1 01 08	13 41 14	2 23	1 35	1 16	44
29	1 01 08	14 01 39	1 01	1 34	1 16	44
30	1 01 08	14 18 21	0 34	1 34	1 16	44
31	1 01 08	14 29 47	2 09	1 33	1 15	44

JANUARY

1	2 34	☽⚼♂	b
Mo	3 14	☽∠♆	b
	11 36	☽⚹♄	G
	17 01	♂□♆	
	17 55	☽⚺♀	g
	22 14	☽♈	
2	2 20	☽⚹♃	G
Tu	4 00	♂∥♀	
	5 27	☽∠♅	b
	8 40	☽⚹♆	G
	16 38	☽∠♄	b
	17 06	☿⚼♃	
	22 32	☽□☉	B
3	0 52	☽△♇	G
We	1 38	☽∠♀	b
	1 53	☉⊥♅	
	6 52	☽∠♃	b
	8 58	☽□☿	B
	10 09	☽⚹♅	G
	13 13	☿Q♂	
	18 14	♀♓	
	18 30	☿⚺♅	
	20 47	☽⚺♄	g
4	1 56	♀∥♂	
Th	4 25	☉⚺♇	
	4 54	☽⚼♇	b
	6 57	☽♉	
	8 06	☽⚹♀	G
	10 28	☽⚺♃	g
	10 38	☿⊥♇	
	16 51	☽□♆	B
	19 55	☽☍♂	B
	21 20	♀∥♇	
5	10 04	☽△☉	G
Fr	10 09	☽#♀	G
	11 14	♀□♃	
	11 27	☽#♇	D
	15 01	☽#♂	B
	16 37	☽□♅	B
	22 38	☽△☿	G
6	2 09	☽☌♄	B
Sa	3 58	♂⊥♇	
	7 45	☽#♅	B
	11 44	☽♊	
	13 42	☽∥♄	B
	13 58	☽⚼☉	b
	14 45	☽☌♃	G
	17 10	☽□♀	B
	21 04	☽△♆	G
7	0 19	☉⚼♃	
Su	3 11	☽#♆	D
	3 24	☽⚼☿	b
	3 46	☿△♄	
	11 07	☽☍♇	B
	11 18	☽∥♃	G
	19 19	☽△♅	G
	21 54	☽⚼♆	b
8	3 37	☽⚼♂	b
Mo	4 00	☽⚺♄	g
	13 09	☽♋	
	15 49	☽⚺♃	g
	16 05	☽#☉	G
	19 37	☽⚼♅	b
	22 05	☽△♀	G
	22 50	♀⚺♆	
9	4 00	☽∠♄	b
Tu	4 38	☽△♂	G
	6 37	☉⚺♅	
	15 36	☽∠♃	b
	20 24	☽☍☉	B
	23 40	☽⚼♀	b
10	0 05	☿∠♇	
We	3 41	☽⚹♄	G
	5 40	☽#☉	G
	6 35	☉⊥♇	
	11 18	☽⚼♇	b
	12 39	☽☍☿	B
	12 44	☽♌	
	13 26	☿♒	
	15 12	☽⚹♃	G
	21 42	☽☍♆	B
11	5 42	☽∥♃	G
Th	5 55	☽□♂	B
	11 03	☽△♇	G
	11 21	☿△♃	
	13 32	☽#♆	D
	19 07	☽☍♅	B
	20 30	☉∥☿	
12	2 08	☽∥♄	B
Fr	3 08	☽□♄	B
	8 13	☽#♅	B
	12 26	☽♍	
	14 48	☽□♃	B
	16 32	☽#♂	B
	17 32	☿⊥♀	
13	1 16	☽⚼☉	b
Sa	2 35	☽#♇	D
	4 51	☽☍♀	B
	8 06	☽⚹♂	G
	11 34	☽□♇	B
	22 13	☽⚼☿	b
	22 33	☽⚼♆	b
	22 57	☽#♀	G
14	1 10	☿☌♆	
Su	4 00	☽△☉	G
	4 12	☽△♄	G
	6 49	☉△♄	
	10 11	☽∠♂	b
	14 05	☽♎	
	16 27	☽△♃	G
	20 45	♀⊥♆	
	21 34	☽⚼♅	b
15	0 06	☽△♆	G
Mo	3 09	☽△☿	G
	4 09	♀Q♄	
	5 51	☽⚼♄	b
	7 24	☉Q♂	
	13 12	☽⚺♂	g
	14 47	☽⚹♇	G
	18 29	☽⚼♃	b
	23 57	☽△♅	G
16	3 40	☿#♃	
Tu	12 35	☽□☉	B
	16 42	☽⚼♀	b
	17 44	☽∠♇	b
	18 49	☽∥♀	G
	19 02	☽♏	
17	5 26	♂⚺♇	
We	5 56	☽□♆	B
	6 35	♀□♇	
	7 58	♀△♂	
	16 55	☽□☿	B
	21 37	☽⚺♇	g
	22 20	☽☌♂	B
	22 53	☽△♀	G
18	0 42	☽∥♇	D
Th	3 51	☿∥♆	
	7 31	☽□♅	B
	16 12	☽☍♄	B
	19 18	☽∥♂	B
	21 33	☽∥♅	B
19	1 44	☽⚹☉	G
Fr	3 35	☽♐	
	5 41	☽#♄	B
	6 01	☽☍♃	B
	6 53	☿⚹♇	
	9 25	☉∠♇	
	13 53	☽∥☿	G
	15 18	☽⚹♆	G
	20 30	☽∥♆	D
20	0 16	☉♒	
Sa	6 40	☽#♃	G
	7 48	☽☌♇	D
	9 05	☿□♂	
	9 48	☽∠☉	b
	10 28	☽∥☉	G
	11 16	☽⚺♂	g
	11 28	☽⚹☿	G
	14 15	☽□♀	B
	15 06	♂∥♅	
	18 18	☽⚹♅	G
	21 02	☽∠♆	b
21	4 58	☉△♃	
Su	8 56	☿#♄	
	14 57	☽♑	
	18 33	☽⚺☉	g
	18 44	☽∠♂	b
	21 54	☽∠☿	b
22	0 31	☽∠♅	b
Mo	1 28	☉#♃	
	3 15	☽⚺♆	g
	4 03	♀Q♃	
	9 13	☽⚼♄	b
	17 55	☿∥♂	
	18 36	♀⚺♅	
	19 35	☿☌♅	
	20 10	☽⚺♇	g
	21 26	☿⚺♀	
	23 40	☽⚼♃	b
23	2 35	☽⚹♂	G
Tu	7 02	☽⚺♅	g
	8 06	☽⚹♀	G
	8 35	☽⚺☿	g
	9 14	☿∥♅	
	15 38	☽△♄	G
24	2 43	☽∠♇	b
We	3 43	☽♒	
	4 50	♀∠♆	
	6 09	☽△♃	G
	13 07	☽☌☉	D
	16 21	☽☌♆	D
	17 20	☽∠♀	b
25	0 25	♄ Stat	
Th	1 33	☽#♃	G
	8 38	♃ Stat	
	9 18	☽⚹♇	G
	9 26	☽∥☉	G
	12 36	☽∥♆	D
	18 37	☽□♂	B
	20 20	☽☌♅	B
	21 35	☿□♄	
26	2 29	☽⚺♀	g
Fr	3 19	☽#♄	B
	3 55	☉☌♆	
	4 37	☽□♄	B
	5 28	☽☌☿	G
	5 38	☽∥♂	B
	12 57	☽∥♅	B
	16 39	☽♓	
	19 03	☽□♃	B
	19 36	☉∥♆	
27	4 16	☽∥☿	G
Sa	5 21	☽⚺♆	g
	5 25	♀⚹♄	
	7 38	☽⚺☉	g
	9 58	☽∥♇	D
	11 09	♂□♅	
	22 01	☽□♇	B
28	1 36	☿Q♇	
Su	7 27	♂#♄	
	9 01	☽⚺♅	g
	9 58	☽△♂	G
	11 28	☽∠♆	b
	16 22	☽∠☉	b
	16 52	☽⚹♄	G
	17 27	☿∥♇	
	19 48	☽☌♀	G
	23 45	☽⚺☿	g
29	4 35	☽♈	
Mo	6 58	☽⚹♃	G
	12 18	♀⊥♅	
	14 46	☽∠♅	b
	16 57	☽⚼♂	b
	17 07	☽⚹♆	G
	22 21	☽∠♄	b
30	0 29	☽⚹☉	G
Tu	3 31	☽∥♀	G
	5 07	☽#♀	G
	7 20	☽∠☿	b
	9 11	☽△♇	G
	12 11	☽∠♃	b
	19 54	☽⚹♅	G
31	3 13	☽⚺♄	g
We	10 26	☽⚺♀	g
	13 30	☉∥♂	
	13 36	☽⚹☿	G
	13 48	☽⚼♇	b
	14 21	☽♉	
	16 43	☽⚺♃	g

FEBRUARY

1	2 27	☽□♆	B
Th	7 13	☿♓	
	9 21	☽#☿	G
	14 02	☽□☉	B
	16 18	☽∠♀	b
	19 30	☽#♇	D
2	3 17	☉#♄	
Fr	3 50	☽□♅	B
	9 05	☽☍♂	B
	10 31	☽☌♄	B
	13 25	☽#♅	B
	19 14	♀♈	
	20 56	☽♊	
	21 02	☽⚹♀	G
	21 28	☽#☉	G
	21 56	☽□☿	B
	22 58	☽∥♄	B
	23 14	☽☌♃	G
3	4 33	☽#♂	B
Sa	8 24	☽△♆	G
	10 34	☽#♆	D
	13 05	☉⚹♇	
	13 59	☿⚺♀	
	21 07	☽∥♃	G
	21 33	♂☍♄	
	22 30	☽☍♇	B
	23 13	☽△☉	G
4	1 57	☿ Stat	
Su	8 13	☽△♅	G
	9 26	♀⚹♃	
	10 03	☽⚼♆	b
	14 19	☽⚺♄	g
	18 22	♂Q♆	
5	0 00	☽♋	
Mo	1 00	☽△☿	G
	2 13	☽⚼☉	b
	2 17	☽⚺♃	g
	3 16	☽□♀	B
	9 09	☽⚼♅	b
	15 02	☽∠♄	b
	16 33	☽⚼♂	b
6	0 59	☽⚼☿	b
Tu	2 43	☽∠♃	b
	15 10	☽⚹♄	G
	17 30	☽△♂	G
	19 57	☿♒	
7	0 07	☽⚼♇	b
We	0 21	☽♌	
	2 40	☽⚹♃	G
	6 14	☽△♀	G
	8 54	☉∥♅	
	10 58	☽☍♆	B
	16 21	☽∥♃	G
	23 47	☽△♇	G
8	2 40	☽#♆	D
Th	2 57	☉∠♀	
	3 25	☽#♂	B
	7 08	☽⚼♀	b
	7 12	☽☍☉	B
	9 01	☽☍♅	B
	12 30	☽∥♄	B
	14 32	☽□♄	B
	15 29	☿⊥♀	
	18 31	☽□♂	B
	21 25	☽☍☿	B
	21 58	☽#♅	B
	22 18	♂∥♆	
	23 35	☽♍	
9	0 37	☽#☉	G
Fr	2 03	☽□♃	B
	12 19	☉☌♅	
	13 09	☽#♇	D
	23 17	☽□♇	B
	23 19	♀∠♅	
10	2 58	☿□♂	
Sa	3 26	☽#☿	G
	10 26	☽⚼♆	b
	14 28	☽△♄	G
	16 49	☿Q♇	
	20 18	☽⚹♂	G
	21 07	☽∥♀	G
	23 46	☽♎	
11	2 30	☽△♃	G
Su	8 08	♀⚹♆	
	9 34	☽⚼♅	b
	11 09	☽△♆	G
	11 18	☽☍♀	B
	12 48	☽⚼☉	b
	15 18	☽⚼♄	b
	17 45	☽⚼☿	b
	22 14	☽∠♂	b
12	0 45	☽⚹♇	G

Mo	3 47	☽⚼♃	b
	11 06	☽△♅	G
	16 22	☽△☉	G
	17 31	☽△☿	G
	23 25	☿□♄	
	23 37	☽#♀	G
13 Tu	0 17	☉☌☿	
	1 11	☽⊻♂	g
	1 21	☉□♄	
	2 48	☽∠♇	b
	2 51	☽♏	
	15 15	☽□♆	B
	16 43	☿∠♀	
	20 02	☽∥☿	G
14 We	5 54	☽⊻♇	g
	6 53	☽∥♇	D
	10 51	☽∥☉	G
	17 15	☽□♅	B
	19 24	☽□☿	B
	20 06	♂♐	
	23 28	☽⚼♀	b
	23 33	☽☍♄	B
15 Th	0 04	☽∥♅	B
	0 59	♀∠♄	
	3 23	☽□☉	B
	10 02	☽♐	
	10 38	☽☌♂	B
	12 50	☽#♄	B
	13 45	☽☍♃	B
	15 30	☉Q♇	
	18 38	☿☌♅	
	23 34	☽⚹♆	G
	23 37	☽∥♆	D
16 Fr	5 51	☽△♀	G
	8 12	☽∥♂	B
	11 40	☉∥♇	
	14 21	☽#♃	G
	15 11	☽☌♇	D
17 Sa	0 43	☽⚹☿	G
	3 30	☽⚹♅	G
	5 08	☽∠♆	b
	18 48	☉∥☿	
	19 22	☽⚹☉	G
	20 59	☽♑	
18 Su	0 18	☽⊻♂	g
	4 32	☽∠☿	b
	9 45	☽∠♅	b
	11 21	☽⊻♆	g
	14 27	☉♓	
	16 25	☽⚼♄	b
	21 00	☽□♀	B
	22 07	☿∥♇	
19 Mo	1 57	♂☍♃	
	3 28	☽⊻♇	g
	4 32	☽∠☉	b
	7 51	☽⚼♃	b
	8 05	☽∠♂	b
	8 58	☽⊻☿	g
	16 22	☽⊻♅	g
	23 03	☽△♄	G
20 Tu	9 53	☽♒	
	10 05	☽∠♇	b
	13 58	☽⊻☉	g
	14 39	☽△♃	G
	16 03	☽⚹♂	G
	22 39	☉□♃	
21 We	0 36	☽☌♆	D
	4 15	☽#♃	G
	6 01	☽∥♂	B

	13 06	☽⚹♀	G
	16 39	☽⚹♇	G
	19 02	☽☌☿	G
	20 58	☽∥♆	D
22 Th	5 42	☽☌♅	B
	7 01	☽#♄	B
	12 18	☽□♄	B
	13 01	☿Q♂	
	13 11	☉□♂	
	20 48	☽∠♀	b
	21 28	☉#♀	
	22 20	☽∥♅	B
	22 45	☽♓	
23 Fr	3 53	☽□♃	B
	5 38	♂#♃	
	6 36	☽∥☿	G
	7 31	☽□♂	B
	8 21	☽☌☉	D
	13 24	☽⊻♆	g
	15 56	☽∥♇	D
24 Sa	2 53	☽#♀	G
	4 02	☽⊻♀	g
	5 01	☽□♇	B
	5 47	☽⊻☿	g
	8 15	☽∥☉	G
	18 00	☽⊻♅	g
	19 17	☽∠♆	b
25 Su	0 25	☽⚹♄	G
	8 30	♀△♇	
	10 20	☽♈	
	11 08	☽∠☿	b
	15 42	☿ Stat	
	15 48	☽⚹♃	G
	21 22	☽△♂	G
	22 28	☉⊻♆	
	23 31	☽∠♅	b
	23 50	☿⚹♀	
26 Mo	0 44	☽⚹♆	G
	0 56	☽⊻☉	g
	5 50	☽∠♄	b
	15 47	☽△♇	G
	16 22	☽⚹☿	G
	16 47	☽☌♀	G
	21 05	☽∠♃	b
27 Tu	3 31	☽⚼♂	b
	4 34	☽⚹♅	G
	8 20	☽∠☉	b
	10 47	☽⊻♄	g
	20 06	☽♉	
	20 26	☽⚼♇	b
28 We	1 48	☽#☉	G
	1 50	☽⊻♃	g
	10 09	☽□♆	B
	15 02	☽⚹☉	G
	22 02	☽∥♀	G
MARCH			
1 Th	0 13	☉⊥♀	
	0 14	☽#♇	D
	2 04	☽□☿	B
	2 57	☽⊻♀	g
	3 39	☿∥♅	
	12 59	☽□♅	B
	15 32	♂⚹♆	
	15 39	☽#♅	B
	16 00	☽#☿	G
	18 57	☽☌♄	B
2 Fr	3 36	☽♊	
	6 55	☽∠♀	b

	7 04	☽∥♄	B
	9 33	☽☌♃	G
	9 59	♀#♇	
	14 20	☽#♆	D
	17 09	☽△♆	G
	18 03	☽☍♂	B
3 Sa	2 03	☽□☉	B
	6 44	☽☍♇	B
	7 28	☽∥♃	G
	9 59	☽△☿	G
	10 03	☽⚹♀	G
	12 36	☿⚹♀	
	13 40	☽#♂	B
	18 45	☽△♅	G
	19 37	☽⚼♆	b
	21 29	☉Q♄	
4 Su	0 27	☽⊻♄	g
	2 48	☉⊥♆	
	8 24	☽♋	
	13 04	☽⚼☿	b
	14 28	☽⊻♃	g
	20 34	☽⚼♅	b
5 Mo	2 08	☽∠♄	b
	9 33	☽△☉	G
	13 54	☽□♀	B
	15 53	☽∠♃	b
	18 11	☉□♇	
6 Tu	1 43	☽⚼♂	b
	3 10	☽⚹♄	G
	10 30	☽♌	
	10 53	☽⚼♇	b
	12 06	☽⚼☉	b
	15 13	☽#♂	B
	16 41	☽⚹♃	G
	22 50	☽∥♃	G
	22 58	☽☍♆	B
7 We	2 56	☽△♂	G
	10 29	♂Q♅	
	11 09	☽△♇	G
	15 04	☽△♀	G
	15 28	☽#♆	D
	18 55	☽☍☿	B
	20 59	☽∥♄	B
	22 28	☽☍♅	B
8 Th	3 50	☽□♄	B
	5 42	☉⊻♀	
	10 44	☽♍	
	11 19	☽#☿	G
	11 50	☽#♅	B
	15 05	☽⚼♀	b
	17 12	☽□♃	B
	18 24	☽∥♀	G
9 Fr	0 41	☽#♇	D
	1 06	♀ Stat	
	4 26	☽□♂	B
	10 14	☿∥♅	
	11 04	☽□♇	B
	17 23	☽☍☉	B
	23 07	☽⚼♆	b
10 Sa	4 01	☽△♄	G
	9 50	☿☌♅	
	10 47	☽♎	
	13 11	☽#☉	G
	17 49	☽△♃	G
	22 58	☽⚼♅	b
	23 31	☽△♆	G
	23 51	☽⚼☿	b
11 Su	4 36	☽⚼♄	b
	6 32	☽⚹♂	G

	11 50	☽⚹♇	G
	15 42	☽☍♀	B
	18 50	☽⚼♃	b
	20 51	☽∥☉	G
	23 59	☽△♅	G
12 Mo	2 44	☽△☿	G
	8 32	☽∠♂	b
	12 42	☽♏	
	13 10	☽∠♇	b
	14 50	☿Q♂	
13 Tu	1 47	☽⚼☉	b
	2 21	☽□♆	B
	2 48	☉⊻♅	
	4 18	☉Q♃	
	9 44	☉∠♆	
	11 32	☽⊻♂	g
	14 20	☽∥♇	D
	15 27	☽⊻♇	g
	19 14	☿#♀	
	22 30	☿□♄	
	23 41	☽∥☿	G
	23 59	☽#♀	G
14 We	4 19	☽∥♅	B
	4 45	☽□♅	B
	6 46	☽△☉	G
	11 10	☽☍♄	B
	12 17	☽□☿	B
	18 16	☽♐	
	22 02	☽⚼♀	b
	23 05	☽#♄	B
	23 08	☿Q♇	
15 Th	3 29	☽☍♃	B
	3 56	☽∥♆	D
	9 10	☽⚹♆	G
	21 01	☽☌♂	B
	23 12	☽☌♇	D
16 Fr	1 58	☽△♀	G
	2 31	☽#♃	G
	13 46	☽⚹♅	G
	14 09	☽∠♆	b
	19 46	☽∥♂	B
	20 45	☽□☉	B
	21 42	☉⚹♄	
17 Sa	3 48	☽⚹☿	G
	4 02	☽♑	
	6 05	☿♓	
	19 40	☽∠♅	b
	20 00	☽⊻♆	g
18 Su	2 11	☿∠♀	
	2 34	♇ Stat	
	2 59	☽⚼♄	b
	10 38	☽⊻♂	g
	10 41	☽⊻♇	g
	11 45	♂☌♇	
	11 55	☽□♀	B
	13 25	☽∠☿	b
	21 13	☽⚼♃	b
19 Mo	2 08	☽⊻♅	g
	5 30	♀△♂	
	9 00	☽∥♂	B
	9 38	☽△♄	G
	11 01	☿∥♇	
	11 12	☉⊥♅	
	14 40	☽⚹☉	G
	16 36	☽♒	
	17 10	☽∠♇	b
	18 17	☽∠♂	b
	23 31	♀△♇	
	23 41	☽⊻☿	g

20 Tu	4 09	☽△♃	G
	4 38	☽#♃	G
	9 03	☽☌♆	D
	13 31	☉♈	
	22 49	☽⚹♀	G
	23 43	☽⚹♇	G
21 We	0 02	☽∠☉	b
	1 57	☽⚹♂	G
	6 25	☽∥♆	D
	10 06	☽#♄	B
	15 24	☽☌♅	B
	19 41	☿□♃	
	23 03	☽□♄	B
22 Th	3 57	☽∠♀	b
	5 28	☽♓	
	8 36	☽∥♅	B
	9 05	☽⊻☉	g
	16 58	☽#♀	G
	17 37	☽□♃	B
	20 08	☽☌☿	G
	21 44	☽⊻♆	g
	23 27	☽∥♇	D
23 Fr	3 14	☿⊥♀	
	8 38	☽⊻♀	g
	8 52	☽∥☿	G
	10 14	☿⊻♆	
	11 54	☽□♇	B
	16 12	☽□♂	B
24 Sa	3 21	☽⊻♅	g
	3 25	☽∠♆	b
	10 58	☽⚹♄	G
	16 44	☽♈	
25 Su	1 21	☽☌☉	D
	5 13	☽⚹♃	G
	6 00	☽#☉	G
	8 32	☽∠♅	b
	8 32	☽⚹♆	G
	14 25	☽⊻☿	g
	16 07	☽∠♄	b
	16 24	☽☌♀	G
	21 27	♀∠♄	
	22 02	☽△♇	G
26 Mo	1 48	☽∥☉	G
	3 04	☿⊻♀	
	4 06	☽△♂	G
	10 11	☽∠♃	b
	13 10	☽⚹♅	G
	20 44	☽⊻♄	g
	22 33	☽∠☿	b
27 Tu	1 50	☽♉	
	2 19	☽⚼♇	b
	5 16	♀#♇	
	9 02	☽#☿	G
	9 10	☽⚼♂	b
	10 57	☉⚹♃	
	14 37	☽⊻♃	g
	14 38	☿⊥♆	
	14 53	☽⊻☉	g
	17 12	☽□♆	B
	22 11	☽⊻♀	g
28 We	2 39	☽∥♀	G
	4 04	☽#♇	D
	6 04	☽⚹☿	G
	6 28	☿□♇	
	9 08	☿Q♄	
	17 10	☽#♅	B
	20 43	☽∠☉	b
	20 57	☽□♅	B
	21 55	☉⚹♆	

	23 55	☉∠♅	B
29 Th	0 25	☽∠♀	b
	4 29	☽☌♄	B
	9 01	☽♊	
	15 13	☽∥♄	B
	16 38	☽#♆	D
	22 05	☽☌♃	G
	23 58	☽△♆	G
30 Fr	2 00	☽⚹☉	G
	2 15	☽⚹♀	G
	4 16	☉☌♀	
	12 21	☽☍♇	B
	18 32	☽∥♃	G
	19 23	☽□☿	B
	21 16	☽☍♂	B
31 Sa	2 40	☽⚼♆	b
	2 54	☽△♅	G
	10 24	☽⊻♄	g
	14 23	☽♋	
	15 36	☿□♂	
	20 07	♀∠♅	
	21 36	☽#♂	B
APRIL			
1 Su	1 30	♀⚹♆	
	3 41	☽⊻♃	g
	4 45	☽□♀	B
	5 10	☽⚼♅	b
	10 49	☽□☉	B
	12 39	☽∠♄	b
	22 07	☽#♂	B
	23 18	♀⚹♃	
2 Mo	5 05	☉#☿	
	5 45	☽∠♃	b
	6 19	☽△☿	G
	9 22	☿∠♆	
	12 02	☿⊻♅	
	14 26	☽⚹♄	G
	15 34	☉∠♄	
	17 54	☽♌	
	18 15	☽⚼♇	b
3 Tu	0 48	☽∥♃	G
	4 45	☽⚼♂	b
	5 42	☽△♀	G
	7 22	☽⚹♃	G
	7 59	☽☍♆	B
	10 55	☽⚼☿	b
	17 22	☽△☉	G
	19 20	☽△♇	G
4 We	1 26	☿Q♃	
	2 11	☽#♆	D
	2 21	☽∥♄	B
	5 40	☽⚼♀	b
	6 19	☽△♂	G
	9 18	☽☍♅	B
	16 46	☽□♄	B
	19 46	☽♍	
	19 57	☽⚼☉	b
	22 02	☉△♇	
	22 56	♄#♆	
	23 48	☽#♅	B
5 Th	6 40	☿⚹♄	
	9 33	☽□♃	B
	11 10	☽#♇	D
	14 26	♃△♆	
	20 39	☽□♇	B
6 Fr	3 11	☽∥♀	G
	3 11	☿⊥♅	
	7 14	☿♈	
	8 42	☽□♂	B
	10 12	☽⚼♆	b
	12 02	☽∥☉	G
	18 18	☽△♄	G
	20 57	☽♎	
	22 49	☽☍☿	B
7 Sa	4 54	☽☍♀	B
	10 49	☽#☿	G
	10 55	☽△♆	G
	11 24	☽⚼♅	b
	11 26	☽△♃	G
	19 16	☽⚼♄	b
	20 19	☽∥☿	G
	22 01	☽⚹♇	G
8 Su	3 22	☽☍☉	B
	11 33	☽⚹♂	G
	12 31	☽△♅	G
	12 49	☽⚼♃	b
	15 25	☿☌♀	
	23 01	☽♏	
	23 16	☽∠♇	b
	23 43	☉∥♀	
9 Mo	1 00	☽#♀	G
	1 12	☽#☉	G
	8 18	♂∠♆	
	13 38	☽□♆	B
	13 45	☽∠♂	b
	22 52	☽∥♇	D
10 Tu	1 12	☽⊻♇	g
	7 02	☽⚼♀	b
	8 14	☉Q♆	
	10 46	☽∥♅	B
	13 27	♂⚹♅	
	14 40	☽⚼☿	b
	16 44	☽□♅	B
	16 48	☽⊻♂	g
11 We	1 02	☿⚹♆	
	1 43	☽☍♄	B
	3 47	☽♐	
	5 51	☿∠♅	
	9 19	☽△♀	G
	10 27	☽∥♆	D
	11 55	☽#♄	B
	14 13	☿⚹♃	
	16 19	☽⚼☉	b
	19 29	☽⚹♆	G
	21 29	☽☍♃	B
	22 36	☽△☿	G
12 Th	7 46	☽☌♇	D
	18 15	☽#♃	G
	22 43	☉⊥♄	
	22 58	☽△☉	G
	23 53	☽∠♆	b
13 Fr	0 40	☽⚹♅	G
	1 56	☽☌♂	B
	12 21	☽♑	
	16 51	☽□♀	B
	21 24	☉⚹♅	
14 Sa	0 46	☿∠♄	
	5 12	☽⊻♆	g
	6 04	☽∠♅	b
	11 37	☿△♇	
	16 31	☽⚼♄	b
	18 07	☽⊻♇	g
	19 22	☽□☿	B
15 Su	2 31	☉△♂	
	3 57	☉∠♃	
	12 10	☽⊻♅	g
	14 31	☿∥♀	
	14 43	☽⊻♂	g
	14 45	☽⚼♃	b
	15 31	☽□☉	B
	23 00	☽△♄	G
16 Mo	0 11	☽♒	
	0 17	☽∠♇	b
	3 48	☽⚹♀	G
	4 38	☽#♃	G
	17 40	☽☌♆	D
	21 41	☽△♃	G
	21 50	☽∠♂	b
17 Tu	6 43	☽⚹♇	G
	6 56	☿Q♆	
	9 55	☽∠♀	b
	13 33	☽#♄	B
	16 42	☽∥♆	D
	20 21	☽⚹☿	G
18 We	1 11	☽☌♅	B
	4 55	☽⚹♂	G
	9 49	☽⚹☉	G
	12 26	☽□♄	B
	13 00	☽♓	
	16 02	☽⊻♀	g
	19 31	☽∥♅	B
	19 57	☿⊥♄	
19 Th	0 53	☿⚹♅	
	6 20	☽⊻♆	g
	8 38	☽∥♇	D
	8 43	☽∠☿	b
	11 13	☽□♃	B
	12 30	☽#☉	G
	18 27	☽∠☉	b
	18 56	☽□♇	B
	21 39	☉⊻♄	
20 Fr	0 15	☽#☿	G
	0 19	☉⚼♇	
	0 36	☉♉	
	0 38	☿∠♃	
	3 21	☿△♂	
	4 35	♀Stat	
	11 59	☽∠♆	b
	13 04	☽⊻♅	g
	17 41	☽□♂	B
	20 16	☽⊻☿	g
	21 59	♄♊	
21 Sa	0 18	☽♈	
	0 19	☽⚹♄	G
	2 19	☽⊻☉	g
	3 08	☽#♀	G
	3 09	☽☌♀	G
	10 38	☉#♇	
	13 18	☉⊻♀	
	16 57	☽⚹♆	G
	18 04	☽∠♅	b
	19 39	☿⚼♇	
	20 08	☿♉	
	21 28	☿⊻♄	
	22 31	☽⚹♃	G
22 Su	4 52	☽△♇	G
	5 15	☽∠♄	b
	13 58	☿⊻♀	
	16 41	☽∥♀	G
	22 22	☽⚹♅	G
23 Mo	2 47	☿#♇	
	3 06	☽∠♃	b
	3 34	☽△♂	G
	8 48	☽⚼♇	b
	8 56	☽♉	
	9 24	☉☌☿	
	9 29	☽⊻♄	g
	12 00	☽⊻♀	g
	15 26	☽☌☉	D
	16 04	☽☌☿	G
24 Tu	0 53	☽□♆	B
	3 42	☉∥☿	
	7 02	☽⊻♃	g
	7 28	☽⚼♂	b
	9 35	☽#♇	D
	15 22	☽∥☉	G
	15 38	☽∠♀	b
	17 11	☽∥☿	G
	17 58	☿⊥♃	
	19 51	☿Q♅	
	21 09	☽#♅	B
25 We	5 08	☽□♅	B
	12 54	☿#♅	
	14 32	☿⊥♀	
	15 11	☽♊	
	16 12	☽☌♄	B
	18 50	☽⚹♀	G
	20 49	☽#♆	D
	22 23	☿□♆	
26 Th	0 14	☿±♇	
	1 19	☽∥♄	B
	1 38	☽⊻☉	g
	6 37	☽△♆	G
	8 09	☽⊻☿	g
	13 22	☽☌♃	G
	13 59	☉Q♅	
	17 26	☽☍♇	B
	19 12	☉⊥♃	
27 Fr	5 59	☽∠☉	b
	7 27	☽∥♃	G
	8 55	☽⚼♆	b
	10 07	☽△♅	G
	15 15	☽∠☿	b
	16 12	☽☍♂	B
	19 38	☉#♅	
	19 49	☽♋	
	20 23	☿⊻♃	
	21 17	☽⊻♄	g
	21 45	☿⚼♂	
28 Sa	0 20	☽□♀	B
	9 58	☽⚹☉	G
	12 09	☽⚼♅	b
	18 19	☽⊻♃	g
	18 51	☿∇♇	
	21 53	☽⚹☿	G
	23 24	☽∠♄	b
	23 49	☉□♆	
29 Su	1 51	☉±♇	
	5 24	☉⊥♀	
	20 25	☽∠♃	b
	23 04	☽⚼♇	b
	23 25	☽♌	
	23 45	☽∥♃	G
30 Mo	1 18	☽⚹♄	G
	5 02	☽△♀	G
	6 32	☿#♆	
	11 07	☿∠♀	
	14 18	☽☍♆	B
	17 08	☽□☉	B
	22 09	☽⚼♂	b
	22 20	☽⚹♃	G
MAY			
1 Tu	0 32	☽△♇	G
	4 54	☽∥♄	B
	5 28	☽∥☿	G
	7 10	☽⚼♀	b
	8 15	☿∥♄	
	10 02	☽□☿	B
	10 14	☽#♆	D
	17 01	☽☍♅	B
	23 43	☽△♂	G
2 We	1 38	☽∥☉	G
	2 16	☽♍	
	4 35	☽□♄	B
	8 52	☽#♅	B
	11 03	☿±♂	
	19 32	☽#♇	D
	23 31	☽△☉	G
3 Th	1 45	☽□♃	B
	3 06	☽□♇	B
	10 42	☿□♅	
	18 18	☽⚼♆	b
	21 07	☽△☿	G
4 Fr	2 38	☽⚼☉	b
	2 39	☽□♂	B
	2 43	☉⚼♂	
	4 50	☽♎	
	7 36	☽△♄	G
	12 05	☽∥♀	G
	13 26	☽☍♀	B
	17 04	☉⊻♃	
	19 40	☽△♆	G
	21 04	☽⚼♅	b
5 Sa	2 39	☽⚼☿	b
	3 06	☉∇♇	
	5 14	☽△♃	G
	5 44	☽⚹♇	G
	9 18	☽⚼♄	b
	13 56	☽#♀	G
	14 17	☿∇♂	
	22 43	☽△♅	G
6 Su	4 53	☿♊	
	6 03	☽⚹♂	G
	7 22	☽⚼♃	b
	7 26	☽∠♇	b
	8 00	☽♏	
	10 40	♃☍♇	
	21 59	☿∥♃	
	23 16	☽□♆	B
7 Mo	6 26	☿☌♄	
	7 17	☽∥♇	D
	8 21	☽∠♂	b
	9 35	☽⊻♇	g
	13 53	☽☍☉	B
	18 22	☽∥♅	B
	22 20	☽⚼♀	b
8 Tu	3 25	☽□♅	B
	11 15	☽⊻♂	g
	13 05	☽♐	
	13 39	☽#☉	G
	17 05	☽☍♄	B
	18 31	☽∥♆	D
	22 17	☽☍☿	B
9 We	1 52	☽#♄	B
	2 46	☽△♀	G
	5 09	☽⚹♆	G
	15 56	☽☌♇	D
	17 25	☽☍♃	B
10 Th	9 15	☽∠♆	b
	10 59	☽⚹♅	G
	11 53	☽#♃	G
	19 19	☽☌♂	B
	21 10	☽♑	

	23 47	☿⚹♀	
11	1 11	♆Stat	
Fr	2 15	☿△♆	
	6 25	♀⚹♆	
	7 20	☉#♆	
	8 11	☽⚼☉	b
	14 11	☽⊻♆	g
	14 37	☽□♀	B
	16 00	☽∠♅	b
	16 07	♂Stat	
12	1 29	☽⊻♇	g
Sa	7 40	☽⚼♄	b
	16 17	☽△☉	G
	17 56	♀∠♅	
	21 45	☽⊻♅	g
13	2 18	☽⚼☿	b
Su	4 39	☽#♃	G
	6 23	☽⊻♂	g
	7 19	☽∠♇	b
	8 20	☽♒	
	10 45	☽⚼♃	b
	14 00	☽△♄	G
	17 57	☉±♂	
14	2 02	☽☌♆	D
Mo	5 58	☽⚹♀	G
	10 32	☿#♂	
	12 37	☽∠♂	b
	12 57	☽△☿	G
	13 34	☽⚹♇	G
	17 12	☽#♄	B
	17 39	☽△♃	G
	17 52	☿☍♇	
	19 38	☽#☉	G
15	2 35	☽∥♆	D
Tu	10 11	☽□☉	B
	10 25	☽☌♅	B
	13 06	☉□♅	
	14 15	☽∠♀	b
	18 53	☽⚹♂	G
	21 01	☽♓	
16	3 22	☽□♄	B
We	5 16	☉∥♄	
	5 55	☽∥♅	B
	11 15	☿☌♃	
	14 41	☽⊻♆	g
	18 26	☽∥♇	D
	22 21	☽⊻♀	g
17	1 57	☽□♇	B
Th	7 14	☽□♃	B
	9 15	☽□☿	B
	20 29	☽∠♆	b
	22 29	☽⊻♅	g
18	3 20	☽⚹☉	G
Fr	6 18	☽□♂	B
	8 41	☽♈	
	9 29	☽#♀	G
	15 25	☽⚹♄	G
19	1 37	☽⚹♆	G
Sa	3 35	☽∠♅	b
	6 56	♀△♇	
	10 41	☽∠☉	b
	12 15	☽△♇	G
	12 36	☽☌♀	G
	14 10	☉⚻♂	
	18 26	☽⚹♃	G
	20 20	☽∠♄	b
20	1 19	☽⚹☿	G
Su	7 24	☽∥♀	G
	7 53	☽⚹♅	G
	14 48	☽△♂	G
	16 14	☽⚼♇	b
	17 00	☽⊻☉	g
	17 29	☽♉	
	22 46	☽∠♃	b
	23 44	☉♊	
21	0 25	☽⊻♄	g
Mo	7 24	☽∠☿	b
	9 27	☽□♆	B
	17 35	☽#♇	D
	17 50	☽⚼♂	b
	23 15	☽⊻♀	g
22	2 17	☽⊻♃	g
Tu	4 40	☽#♅	B
	10 30	☿⚼♆	
	12 21	☽⊻☿	g
	14 07	☽□♅	B
	23 12	☽♊	
23	2 46	☽☌☉	D
We	3 20	☽∠♀	b
	4 26	☽#♆	D
	5 48	☿#♂	
	6 17	☽●♄	B
	13 59	☽∥♄	B
	14 22	☽△♆	G
	14 56	☿△♅	
	23 50	☽☍♇	B
24	1 43	☽∥☉	G
Th	6 49	☽⚹♀	G
	7 23	☽●♃	G
	16 04	☽⚼♆	b
	17 56	☽△♅	G
	19 36	☽☌☿	G
	19 53	♀⚹♃	
	22 51	☽∥♃	G
	23 12	☽☍♂	B
25	2 42	☽♋	
Fr	8 12	☉∠♀	
	9 54	☽⊻☉	g
	10 04	☽⊻♄	g
	12 33	☉☌♄	
	13 19	♀∠♄	
	19 19	☽⚼♅	b
26	10 57	☽⊻♃	g
Sa	11 33	☽∠♄	b
	12 44	☽□♀	B
	12 59	☽∠☉	b
	22 29	☽∥♃	G
27	0 48	☽⊻☿	g
Su	3 23	♀Q♆	
	3 46	☽⚼♇	b
	5 12	☽♌	
	6 03	☿☍♂	
	12 32	☽∠♃	b
	12 57	☽⚹♄	G
	14 12	☽∥☉	G
	15 58	☽⚹☉	G
	19 48	☽☍♆	B
28	1 56	☽⚼♂	b
Mo	3 03	☽∠☿	b
	4 53	☽△♇	G
	6 33	☽∥♄	B
	14 08	☽⚹♃	G
	16 35	☽#♆	D
	18 20	☽△♀	G
	22 55	☽☍♅	B
29	2 48	☽△♂	G
Tu	5 13	☽⚹☿	G
	7 38	☽♍	
	15 05	♅Stat	
	15 31	☽#♅	B
	15 54	☽□♄	B
	21 19	☽⚼♀	b
	22 09	☽□☉	B
30	0 34	☉△♆	
We	2 08	☽#♇	D
	7 27	☽□♇	B
	17 45	☽□♃	B
	22 43	☽∥♀	G
	23 50	☽⚼♆	b
31	4 58	☽□♂	B
Th	9 40	☽□☿	B
	10 41	☽♎	
	19 36	☽△♄	G
	20 12	♀⚹♅	
JUNE			
1	1 37	☽△♆	G
Fr	3 39	☽⚼♅	b
	5 18	☽△☉	G
	10 53	☽⚹♇	G
	21 54	☽⚼♄	b
	22 25	☽△♃	G
2	5 49	☽△♅	G
Sa	7 03	♀△♂	
	8 07	☽⚹♂	G
	8 13	☽☍♀	B
	9 29	☽⚼☉	b
	13 07	☽∠♇	b
	14 41	☽△☿	G
	14 56	☽♏	
	20 49	☽#♀	G
3	1 20	☽⚼♃	b
Su	6 16	☽□♆	B
	10 15	☽∠♂	b
	14 33	☽∥♇	D
	15 47	☽⊻♇	g
	17 36	☽⚼☿	b
4	1 54	☽∥♅	B
Mo	5 22	☿Stat	
	11 29	☽□♅	B
	11 50	☉☍♇	
	12 49	☽⊻♂	g
	20 58	☽♐	
5	2 47	☽∥♆	D
Tu	6 21	♀⚼♇	
	7 35	☽☍♄	B
	12 34	☿∥♃	
	12 53	☽⚹♆	G
	15 15	☽#♄	B
	22 45	☽☌♇	D
6	0 05	☽⚼♀	b
We	1 39	☽☍☉	B
	3 58	☉∥☿	
	5 41	☿⚹♀	
	7 26	♀⊥♄	
	10 25	♀♉	
	13 28	☽☍♃	B
	17 06	☽∠♆	b
	19 26	☽⚹♅	G
	19 37	☽☌♂	B
	21 51	☽#☿	G
7	3 13	☽#☉	G
Th	3 54	♂⚹♅	
	4 41	☽☍☿	B
	5 23	☽♑	
	5 25	☽#♃	G
	6 57	☽△♀	G
	21 59	☽⊻♆	g
8	0 23	☽∠♅	b
Fr	8 14	☽⊻♇	g
	12 58	☉∥♃	
	22 51	☽⚼♄	b
9	3 19	☽#☉	G
Sa	4 15	☽#♃	G
	4 45	☽⊻♂	g
	5 56	☽⊻♅	g
	13 54	☽∠♇	b
	16 20	☽♒	
	23 06	☽□♀	B
10	0 47	☽⚼☉	b
Su	1 34	☽#☿	G
	5 08	☽△♄	G
	7 28	☽⚼♃	b
	9 28	☽☌♆	D
	10 02	☽∠♂	b
	19 24	☽⚼☿	b
	19 59	☽⚹♇	G
	20 20	☽#♄	B
11	8 50	♂∠♆	
Mo	9 42	☽△☉	G
	10 48	☽∥♆	D
	14 23	☽△♃	G
	15 35	☽⚹♂	G
	18 17	☽☌♅	B
12	0 38	☽△☿	G
Tu	4 53	☽♓	
	14 25	☽∥♅	B
	17 01	♂☍♃	
	17 11	☽⚹♀	G
	18 28	☽□♄	B
	22 04	☽⊻♆	g
13	3 22	☽∥♇	D
We	6 40	☽#♀	G
	8 31	☽□♇	B
	9 35	♀Q♅	
	10 34	♀⊻♄	
	17 46	☉☍♂	
14	2 03	☽∠♀	b
Th	2 28	☽□♂	B
	3 28	☽□☉	B
	4 02	☽□♃	B
	4 07	☽∠♆	b
	6 02	♀⚼♂	
	6 38	☽⊻♅	g
	7 29	♀±♇	
	8 22	♃⚼♆	
	10 26	☽□☿	B
	11 33	☉⚼♆	
	12 38	☉☌♃	
	17 03	☽♈	
15	2 46	♀□♆	
Fr	4 55	♀#♇	
	6 50	☽⚹♄	G
	8 40	♀∠♃	
	9 37	☽⚹♆	G
	10 14	☽⊻♀	g
	12 05	☽∠♅	b
	18 57	☉△♅	
	19 37	☽△♇	G
16	8 06	☿∥♄	
Sa	11 23	☽△♂	G
	11 57	☽∠♄	b
	13 26	☉☌☿	
	15 24	☽⚹♃	G
	16 44	☽⚹♅	G
	17 57	☽⚹☿	G
	18 32	☽⚹☉	G
	21 44	☿∠♀	
17	0 01	☽⚼♇	b
Su	2 39	☽♉	
	14 40	☽⚼♂	b
	16 11	☽⊻♄	g
	18 10	☽□♆	B
	19 44	☽∠♃	b
	20 34	☽∠☿	b
	22 08	☿△♅	
	23 31	☽☌♀	G
18	0 25	☽∠☉	b
Mo	3 04	☽#♇	D
	7 56	☽∥♀	G
	10 12	☿☌♃	
	14 44	☽#♅	B
	22 25	☽⊻☿	g
	23 07	☽⊻♃	g
	23 22	☽□♅	B
19	5 12	☽⊻☉	g
Tu	8 42	☽♊	
	12 25	♃△♅	
	14 44	☽#♆	D
	21 52	☽●♄	B
	22 16	☽∥☿	G
	23 11	☽△♆	G
20	2 14	♀⚻♇	
We	4 16	☽∥♄	B
	7 57	☽☍♇	B
	8 25	☽⊻♀	g
	10 48	☿⚼♆	
	19 44	☽☍♂	B
	23 30	♀±♂	
21	0 09	☽☌☿	G
Th	0 35	☽⚼♆	b
	2 44	☽△♅	G
	3 24	☽●♃	G
	7 38	☉♋	
	11 34	☽∠♀	b
	11 41	☽♋	
	11 58	☽●●	D
	15 27	☽∥♃	G
22	0 41	☽⊻♄	g
Fr	3 35	☽⚼♅	b
	14 11	☽⚹♀	G
	17 33	♀#♅	
	19 54	☿⊥♀	
	23 48	☽∥♃	G
23	0 18	☽⊻☿	g
Sa	1 29	☽∠♄	b
	5 36	☽⊻♃	g
	10 20	☽⚼♇	b
	12 55	☽♌	
	16 36	☽⊻☉	g
	17 23	☉±♆	
	20 17	☽⚼♂	b
24	0 12	☽∠☿	b
Su	2 08	☽⚹♄	G
	2 25	☽☍♆	B
	3 03	☉∠♀	
	6 27	☽∠♃	b
	9 38	☽∥♄	B
	10 45	☽△♇	G
	18 46	☽∠☉	b
	18 52	☽□♀	B
	19 21	☽∥☿	G
	20 16	☽△♂	G
	22 57	☽#♆	D
25	0 15	☽⚹☿	G

Mo	5 01	☽☍♅	B
	7 17	♄△♆	
	7 22	☽⚹♃	G
	10 26	♀⚻♂	
	13 57	☽♍	
	17 05	☽∥♀	G
	21 09	☽⚹☉	G
	21 24	☽⋕♅	B
26	3 48	☽□♄	B
Tu	8 26	☽⋕♇	D
	12 05	☽□♇	B
	14 57	♀⊥♃	
	20 57	☽□♂	B
27	0 27	☽△♀	G
We	1 28	☽□☿	B
	4 41	☽⚼♆	b
	10 12	☽□♃	B
	13 22	☿⚺♀	
	16 11	☽♎	
28	3 19	☽□☉	B
Th	4 03	☽⚼♀	b
	5 49	☿ Stat	
	6 14	☽△♆	G
	6 58	☽△♄	G
	8 28	☽⚼♅	b
	15 04	☽⚹♇	G
	23 22	☽⚹♂	G
29	5 04	☽△☿	G
Fr	9 23	☽⚼♄	b
	10 39	☽△♅	G
	15 07	☽△♃	G
	17 23	☽∠♇	b
	20 28	☽♏	
	21 00	☉⚻♆	
30	1 26	☽∠♂	b
Sa	8 01	☽⚼☿	b
	11 06	☽□♆	B
	12 13	☽△☉	G
	12 46	♀□♅	
	15 38	☉⚺♄	
	18 31	☽⚼♃	b
	20 20	☽⚺♇	g
	20 32	☽∥♇	D
	23 44	☉∥♃	
JULY			
1	4 06	☽⚺♂	g
Su	4 47	☉⚼♅	
	8 54	☽∥♅	B
	16 50	☽□♅	B
	17 49	☽⚼☉	b
	19 25	☽☍♀	B
2	0 00	☽⋕♀	G
Mo	3 13	☽♐	
	10 16	☽∥♆	D
	17 52	☽⋕☿	G
	18 25	☽⚹♆	G
	20 26	☽☍♄	B
3	2 42	☽⋕♄	B
Tu	4 03	☽☌♇	D
	11 16	☽☌♂	B
	18 47	♀⚺♃	
	21 59	☽☍☿	B
	22 58	☽∠♆	b
4	1 26	☽⚹♅	G
We	8 36	☽☍♃	B
	12 14	☽⋕☉	G
	12 21	☽♑	
	19 33	☽⋕♃	G
	21 07	☿⚼♆	
5	2 22	☉⚻♇	
Th	4 03	☽⚺♆	g
	6 33	☽∠♅	b
	14 03	☽⚺♇	g
	15 04	●☍☉	B
	16 44	♀♊	
	17 50	☽⚼♀	b
	20 39	☽⚺♂	g
6	4 50	☽⋕♃	G
Fr	12 09	☽⚺♅	g
	12 45	☽⚼♄	b
	16 42	☽⋕☉	G
	19 46	☽∠♇	b
	20 42	☿△♅	
	23 33	☽♒	
7	2 04	☽∠♂	b
Sa	2 37	☽△♀	G
	15 34	☽☌♆	D
	19 05	☽△♄	G
	19 36	☽⚼☿	b
	19 37	☉⊥♄	
	22 46	☽⋕♄	B
	23 59	☽⋕☿	G
8	1 50	☽⚹♇	G
Su	3 32	☽⚼♃	b
	4 10	☉⚻♂	
	5 48	♀⋕♆	
	7 50	☽⚹♂	G
	14 55	☿∥♄	
	16 06	☽⋕♀	G
	16 51	☽∥♆	D
9	0 22	☽☌♅	B
Mo	4 12	☽△☿	G
	10 28	☽△♃	G
	12 05	☽♓	
	17 15	☽⚼☉	b
	20 22	☽∥♅	B
	21 21	☽□♀	B
10	4 08	☽⚺♆	g
Tu	8 23	☽□♄	B
	9 09	☉±♅	
	10 28	☽∥♇	D
	14 28	☽□♇	B
	19 51	☽□♂	B
11	2 14	☽△☉	G
We	6 07	☉±♇	
	10 21	☽∠♆	b
	12 52	☽⚺♅	g
	22 17	☽□☿	B
12	0 09	☽□♃	B
Th	0 36	☽♈	
	15 44	☽⚹♀	G
	16 12	☽⚹♆	G
	18 41	☽∠♅	b
	20 49	♀△♆	
	21 02	☽⚹♄	G
	22 29	☿☌♃	
	22 47	☿♋	
13	0 02	♃♋	
Fr	2 17	☽△♇	G
	7 05	☽△♂	G
	17 43	☉±♂	
	18 45	☽□☉	B
	23 52	☽⚹♅	G
	23 55	☽∠♀	b
14	2 29	☽∠♄	b
Sa	7 19	☽⚼♇	b
	10 11	☿±♆	
	11 13	☽♉	
	11 49	☽⚼♂	b
	11 51	☽⚹♃	G
	15 10	☽⚹☿	G
	15 41	☉∥☿	
15	1 55	☽□♆	B
Su	7 03	☽⚺♀	g
	7 05	☽⚺♄	g
	7 32	♀☌♄	
	12 20	☽⋕♇	D
	16 23	☽∠♃	b
	22 18	☽∠☿	b
16	1 22	☽⋕♅	B
Mo	7 23	☽⚹☉	G
	7 41	☽□♅	B
	11 20	☉⚻♅	
	18 26	☽♊	
	19 56	☽⚺♃	g
17	1 37	☽⋕♆	D
Tu	4 20	☽⚺☿	g
	8 02	☽△♆	G
	9 46	♀☍♇	
	11 55	☽∠☉	b
	13 22	☽●♄	B
	15 19	☽∥♀	G
	16 59	☽☍♇	B
	17 37	☽●♀	G
	18 00	☽∥♄	B
	20 51	☽☍♂	B
	23 52	☽∥☉	G
18	9 43	☽⚼♆	b
We	11 17	☉∠♄	
	11 46	☽△♅	G
	13 09	☽∥☿	G
	13 17	☿⚻♆	
	15 21	☽⚺☉	g
	21 56	☽♋	
19	0 08	☽●♃	G
Th	4 32	☽∥♃	G
	7 14	☿⚼♅	
	9 19	♀☍♂	
	12 36	☽⚼♅	b
	13 17	☽●☿	G
	16 05	☽⚺♄	g
	18 24	♀∥♄	
	22 45	♂ Stat	
	23 51	☽⚺♀	g
20	7 08	☽∥♃	G
Fr	12 09	☉⚼♇	
	12 10	♃±♆	
	15 26	☿⚺♄	
	16 31	☽∠♄	b
	16 39	☉∥♀	
	18 56	☽∥☿	G
	19 15	☽⚼♇	b
	19 44	☽☌☉	D
	22 43	☽♌	
	22 54	☽⚼♂	b
21	1 33	☽⚺♃	g
Sa	1 55	☽∠♀	b
	8 01	☉∥♄	
	10 52	☽☍♆	B
	13 32	☽∥♀	G
	15 02	☿⚻♇	
	15 31	☽∥♄	B
	16 03	☽∥☉	G
	16 36	☽⚹♄	G
	19 08	☽△♇	G
	19 41	☽⚺☿	g
	22 49	☽△♂	G
22	1 46	☽∠♃	b
Su	3 43	☽⚹♀	G
	6 41	☽⋕♆	D
	12 34	☽☍♅	B
	18 26	☉♌	
	22 28	☿⚻♂	
	22 29	☽♍	
	22 45	☽⚺☉	g
	22 45	☉⚼♂	
	22 47	☽∠☿	b
23	2 00	☽⚹♃	G
Mo	4 09	☽⋕♅	B
	15 52	☽⋕♇	D
	16 48	☽□♄	B
	19 00	☽□♇	B
	22 56	☽□♂	B
24	0 31	☽∠☉	b
Tu	2 21	☽⚹☿	G
	4 11	☿⊥♄	
	7 17	☿±♅	
	7 48	☽□♀	B
	10 51	☽⚼♆	b
	20 30	☿±♇	
	23 08	☽♎	
25	2 51	☽⚹☉	G
We	3 32	☽□♃	B
	11 40	☽△♆	G
	13 36	☽⚼♅	b
	15 47	☉⚺♃	
	18 36	☽△♄	G
	20 30	☽⚹♇	G
	22 39	♀⚼♆	
26	0 57	☽⚹♂	G
Th	4 40	☿±♂	
	12 22	☽□☿	B
	14 30	☽△♀	G
	15 10	☽△♅	G
	20 33	☽⚼♄	b
	22 18	♀△♅	
	22 19	☽∠♇	b
27	2 17	☽♏	
Fr	3 06	☽∠♂	b
	7 29	☿⚻♅	
	7 46	☽△♃	G
	10 08	☽□☉	B
	15 30	☽□♆	B
	19 23	☽⚼♀	b
	19 42	☿⚺♀	
28	0 58	☽⚺♇	g
Sa	2 14	☽∥♇	D
	6 10	☽⚺♂	g
	11 12	☽⚼♃	b
	15 47	☽∥♅	B
	20 45	☽□♅	B
	22 42	☿∠♄	
29	3 50	☽△☿	G
Su	7 43	☿⚼♇	
	8 44	☽♐	
	16 15	☿∥♀	
	16 46	☽∥♆	D
	19 04	☽⋕☉	G
	21 34	☽△☉	G
	22 40	☽⚹♆	G
30	7 32	☽☍♄	B
Mo	8 45	☽☌♇	D
	10 18	☿♌	
	11 26	☽⋕♄	B
	11 48	☉☍♆	
	13 45	☽⚼☿	b
	14 54	☽☌♂	B
	18 33	☽⋕☿	G
	21 07	☿⚼♂	
	23 38	☽⋕♀	G
31	0 50	☉⋕♆	
Tu	3 23	☽∠♆	b
	4 43	☽⚼☉	b
	5 31	☽⚹♅	G
	16 24	☽☍♀	B
	18 16	☽♑	
AUGUST			
1	0 18	☽⋕♃	G
We	2 21	☽☍♃	B
	8 41	☽⚺♆	g
	10 24	☿⚺♃	
	10 50	☽∠♅	b
	12 18	♀♋	
	13 21	☿∥♄	
	19 15	☽⚺♇	g
2	2 29	☽⚺♂	g
Th	12 00	☽⋕♃	G
	15 23	♀±♆	
	16 35	☽⚺♅	g
	16 43	☉⊥♃	
	21 58	☿☍♆	
3	0 39	☽⚼♄	b
Fr	1 10	☽∠♇	b
	5 53	☽♒	
	6 11	☿⊥♀	
	8 58	☽∠♂	b
	10 57	☽⋕♀	G
	20 30	☽☌♆	D
4	1 23	☽☍☿	B
Sa	1 28	☽⋕♄	B
	5 56	☽☍☉	B
	7 05	☽△♄	G
	7 22	☽⚹♇	G
	14 47	☿⊥♃	
	15 04	☽⋕☿	G
	15 46	☽⚹♂	G
	19 51	☽⚼♀	b
	21 28	☽∥♆	D
	21 37	☉⚹♄	
	22 03	☽⚼♃	b
	23 31	☉△♇	
5	4 52	☽☌♅	B
Su	8 00	☽⋕☉	G
	11 11	☿⚹♄	
	11 27	☿△♇	
	17 03	♄☍♇	
	18 30	☽♓	
	21 51	☉☌☿	
	22 50	♀☌♃	
6	0 20	☽∥♅	B
Mo	1 08	☿⋕♆	
	4 58	☽△♃	G
	5 30	☽△♀	G
	9 04	☽⚺♆	g
	15 47	☽∥♇	D
	20 02	☽□♇	B
	20 15	☽□♄	B
7	5 39	☽□♂	B
Tu	15 19	☽∠♆	b
	17 19	♀⚻♆	
	17 21	☽⚺♅	g
	20 38	☿△♂	
8	7 05	☽♈	

We	8	50	☽⚼☉	b
	13	38	♀⚼♅	
	15	16	☽⚼☿	b
	18	27	☽□♃	B
	21	20	☽✱♆	G
	23	20	☽∠♅	b
9	0	24	☽□♀	B
Th	8	13	☽△♇	G
	8	52	☽✱♄	G
	11	58	☿∠♃	
	17	17	☽△☉	G
	18	56	☽△♂	G
10	2	54	☽△☿	G
Fr	4	53	☽✱♅	G
	13	42	☽⚼♇	b
	14	33	☽∠♄	b
	14	57	☿☍♅	
	18	23	☽♉	
	18	29	☉∥☿	
	21	47	☉△♂	
11	0	52	☽⚼♂	b
Sa	6	17	☽✱♃	G
	8	00	☽□♆	B
	15	57	☿Q♄	
	17	02	☽✱♀	G
	19	32	☽⚺♄	g
	20	03	☽#♇	D
	23	07	☿#♅	
12	7	53	☽□☉	B
Su	8	58	☽∥☿	G
	9	05	♀⚻♇	
	10	40	☽#♅	B
	11	07	☽∠♃	b
	12	21	☽∥☉	G
	14	03	☽□♅	B
	21	58	♀⚺♄	
	22	32	☽□☿	B
	23	51	☽∠♀	b
13	2	59	☽♊	
Mo	10	06	☉#♅	
	10	50	☽#♆	D
	15	00	☽⚺♃	g
	15	40	☽△♆	G
	19	36	☿∠♀	
14	1	36	☽☍♇	B
Tu	2	54	☽●♄	B
	4	43	☽∥♄	B
	5	04	☿♍	
	5	27	☽⚺♀	g
	13	14	☉∠♃	
	13	38	☽☍♂	B
	13	51	☽∥♀	G
	18	07	☽⚼♆	b
	18	11	☽✱☉	G
	19	43	☽△♅	G
15	7	43	♃⚻♆	
We	7	55	☽♋	
	9	16	☽∥♃	G
	12	01	☽✱☿	G
	13	30	☿#♇	
	15	25	☉☍♅	
	19	50	☽●♃	G
	21	09	☽⚼♅	b
	21	35	☽∠☉	b
16	0	43	♀±♅	
Th	6	28	☽⚺♄	g
	13	03	☽☌♀	G
	16	37	☽∠☿	b
	22	13	☽∥♃	G

17	0	00	☽⚺☉	g
Fr	5	29	☽⚼♇	b
	7	02	☽∠♄	b
	9	25	☽☊	
	11	36	♀±♇	
	18	08	☽⚼♂	b
	18	53	☽∥♀	G
	20	09	☽⚺☿	g
	20	26	☽☍♆	B
	20	38	☉⊥♀	
	21	19	☽⚺♃	g
	22	33	☿⚻♆	
18	0	12	☽∥♄	B
Sa	5	25	☽△♇	G
	6	57	☿✱♃	
	7	03	☽✱♄	G
	8	47	♀⊥♄	
	11	41	☉Q♄	
	16	01	☽#♆	D
	17	10	☽⚺♀	g
	18	26	☽△♂	G
	21	18	☽∠♃	b
	21	28	☽☍♅	B
19	2	55	☽☌☉	D
Su	7	39	♃⚼♅	
	8	53	☽♍	
	12	28	☽#♅	B
	16	15	♀⚻♂	
	18	41	☽∠♀	b
	21	09	☽✱♃	G
	22	41	☽∥☉	G
20	0	54	☽#♇	D
Mo	1	39	☽☌☿	G
	4	35	☽□♇	B
	6	26	☽□♄	B
	17	51	☽∥☿	G
	18	48	☽□♂	B
	19	15	☽⚼♆	b
	20	21	☽✱♀	G
	23	08	♀⚻♅	
21	3	23	☿□♇	
Tu	5	29	☽⚺☉	g
	7	04	☿±♆	
	8	19	☽♎	
	9	07	☉#♇	
	11	41	♂∠♆	
	19	16	☽△♆	G
	20	36	☽⚼♅	b
	21	10	☿□♄	
	21	32	☽□♃	B
22	4	39	☽✱♇	G
We	6	47	☽△♄	G
	7	30	☽∠☉	b
	8	00	☽⚺☿	g
	9	16	♀∥♄	
	20	53	☽✱♂	G
	21	16	☽△♅	G
23	1	27	☉♍	
Th	1	34	☽□♀	B
	5	39	☽∠♇	b
	5	53	☽#☿	G
	7	58	☽⚼♄	b
	9	50	☽♏	
	9	59	♂✱♅	
	10	27	☽✱☉	G
	12	33	☽∠☿	b
	16	13	♇Stat	
	21	26	☽□♆	B
	23	13	☽∠♂	b

24	0	36	☽△♃	G
Fr	4	16	☽#☉	G
	7	33	☽⚺♇	g
	9	06	☽∥♇	D
	18	24	☽✱☿	G
	23	23	☽∥♅	B
25	1	17	☽□♅	B
Sa	2	26	♀⚼♇	
	2	38	☽⚺♂	g
	3	37	☽⚼♃	b
	11	16	☽△♀	G
	14	59	☽♐	
	19	55	☽□☉	B
	22	59	☽∥♆	D
26	3	23	☽✱♆	G
Su	4	19	☿Q♃	
	9	34	♀∠♄	
	11	10	☽#♀	G
	14	24	☽☌♇	D
	15	08	☿⚼♆	
	17	21	☽☍♄	B
	17	43	☽#♄	B
	18	07	☽⚼♀	b
27	2	05	☿⚻♅	
Mo	4	12	♀☊	
	7	13	♀±♂	
	7	50	☽∠♆	b
	9	15	☽✱♅	G
	10	19	☽□☿	B
	12	50	☽☌♂	B
	21	25	☽#♃	G
28	0	02	☽♑	
Tu	10	12	☽△☉	G
	12	42	☿□♂	
	13	04	☽⚺♆	g
	14	29	☽∠♅	b
	18	33	☽☍♃	B
29	0	48	☽⚺♇	g
We	18	39	☽⚼☉	b
	20	17	☽⚺♅	g
	21	36	☉⚻♆	
30	1	44	☽#♃	G
Th	2	28	☽⚺♂	g
	6	28	☽△☿	G
	6	51	☽∠♇	b
	10	21	☽⚼♄	b
	11	48	☽♒	
	20	39	☽☍♀	B
	20	43	☿±♅	
31	1	05	☽☌♆	D
Fr	6	07	☽#♄	B
	9	58	☽∠♂	b
	13	11	☽✱♇	G
	16	49	☽△♄	G
	17	12	☽⚼☿	b
	23	39	☽#♀	G

SEPTEMBER

1	0	37	☿♎	
Sa	2	12	☽∥♆	D
	8	44	☽☌♅	B
	9	42	☿Q♇	
	14	30	☽⚼♃	b
	15	55	♀☍♆	
	17	36	☽✱♂	G
2	0	32	☽♓	
Su	3	59	☽∥♅	B
	5	54	♀#♆	
	13	44	☽⚺♆	g
	15	16	☉✱♃	
	20	26	☽∥♇	D
	21	16	☽△♃	G
	21	43	☽☍☉	B
3	1	56	☽□♇	B
Mo	5	45	☽□♄	B
	19	55	☽∠♆	b
	21	09	☽⚺♅	g
	23	17	☽#☉	G
4	1	48	☽⚼♀	b
Tu	8	37	☽□♂	B
	12	58	☽♈	
	21	28	☽∥☿	G
	23	10	☉±♆	
5	0	26	☽☍☿	B
We	1	20	♀⚺♃	
	1	53	☽✱♆	G
	1	54	☉□♇	
	3	04	☽∠♅	b
	10	13	☽□♃	B
	11	04	☽△♀	G
	12	51	☿△♆	
	14	02	☽△♇	G
	17	57	☽✱♄	G
	22	54	☿⚼♅	
6	7	18	☽#☿	G
Th	8	40	☽✱♅	G
	17	05	♀△♇	
	18	58	☽∥☉	G
	19	36	☽⚼♇	b
	22	31	☽△♂	G
	23	09	☽⚼☉	b
	23	32	☽∠♄	b
7	0	18	☽♉	
Fr	4	11	☉□♄	
	12	46	☽□♆	B
	21	42	☽✱♃	G
8	2	10	☽#♇	D
Sa	4	02	☽□♀	B
	4	37	☽⚺♄	g
	4	46	☽⚼♂	b
	6	36	☽△☉	G
	10	14	♀✱♄	
	16	33	♀⚼♂	
	17	47	☉#☿	
	17	47	☽#♅	B
	17	51	♂♑	
	18	30	☽□♅	B
9	2	30	☿□♃	
Su	2	37	☽∠♃	b
	2	37	☽⚼☿	b
	3	52	☽∥♀	G
	9	41	☽♊	
	11	42	♂⊥♆	
	17	17	☽#♆	D
	21	32	☽△♆	G
10	4	40	☿✱♇	
Mo	6	47	☽⚺♃	g
	9	00	☽☍♇	B
	9	28	☽△☿	G
	11	05	☽∥♄	B
	12	50	☽●♄	B
	17	46	☽✱♀	G
	18	24	♀⊥♃	
	18	59	☽□☉	B
11	0	48	☽⚼♆	b
Tu	1	42	☽△♅	G
	8	50	☽∥♃	G
	16	09	☽♋	

	18	56	☽☍♂	B
	22	06	☿△♄	
	23	01	☽∠♀	b
12	4	04	☽⚼♅	b
We	12	32	☽●♃	G
	17	45	☽⚺♄	g
	19	32	☽□☿	B
13	3	09	☽⚺♀	g
Th	3	16	☽✱☉	G
	9	57	☉⚺♀	
	15	05	☽∥♃	G
	15	23	☽⚼♇	b
	18	57	☽∠♄	b
	19	16	☽☊	
	23	15	♀#♅	
14	1	14	☉⚼♆	
Fr	5	36	☽☍♆	B
	5	55	☽∠☉	b
	7	06	♀☍♅	
	10	35	☽∥♄	B
	12	05	☉⚻♅	
	14	55	☽⚺♃	g
	15	57	☽△♇	G
	19	27	☽✱♄	G
15	1	03	☽⚼♂	b
Sa	1	12	☽✱☿	G
	2	05	☽#♆	D
	6	29	☽☍♅	B
	7	48	☽⚺☉	g
	8	35	☽☌♀	G
	15	10	☽∠♃	b
	19	39	☽♍	
	21	48	☽#♅	B
16	1	33	☽∥♀	G
Su	1	48	☽△♂	G
	2	55	☽∠☿	b
	10	48	☽#♇	D
	15	05	☽✱♃	G
	15	42	☽□♇	B
	19	08	☽□♄	B
	19	49	☽#☿	G
17	4	19	☽⚺☿	g
Mo	5	10	☽⚼♆	b
	5	11	☉Q♃	
	10	27	☽☌☉	D
	12	06	☽⚺♀	g
	19	00	☽♎	
18	1	51	☿△♅	
Tu	2	58	☽□♂	B
	4	54	☽△♆	G
	5	31	☽⚼♅	b
	6	02	☽∥☉	G
	13	07	♀Q♄	
	14	02	☽∠♀	b
	15	02	☽□♃	B
	15	17	☽✱♇	G
	18	48	☽△♄	G
	19	47	☽#☉	G
19	3	36	♀∠♃	
We	5	38	☽△♅	G
	7	40	☽☌☿	G
	13	59	☽⚺☉	g
	15	43	☽∠♇	b
	16	38	☽✱♀	G
	19	19	☽⚼♄	b
	19	27	☽♏	
	23	09	♃⚻♇	
20	5	12	♂⚺♆	
Th	5	48	☽□♆	B

	5 50	☽⚹♂	G
	11 01	☉±♅	
	16 54	☽⊻♇	g
	16 59	☽∠☉	b
	16 59	☽∥☿	G
	17 03	☽△♃	G
	18 06	☽∥♇	D
	18 54	☽#♀	G
	19 34	♂∠♅	
21	2 09	♀♍	
Fr	4 35	♀#♇	
	5 22	☿#♀	
	6 08	☿∥♇	
	8 04	☽□♅	B
	8 21	☽∥♅	B
	8 38	☽∠♂	b
	13 54	☽⊻☿	g
	19 26	☽⚻♃	b
	21 09	☽⚹☉	G
	23 02	☽♐	
22	1 08	☽□♀	B
Sa	1 57	☿Q♂	
	6 05	☽∥♆	D
	10 10	☽⚹♆	G
	12 38	☽⊻♂	g
	18 40	☽∠☿	b
	22 18	☽☌♇	D
	23 04	☉♎	
	23 09	☽#♄	B
23	2 19	☽☍♄	B
Su	13 56	☽∠♆	b
	14 31	☽⚹♅	G
	18 46	☉Q♇	
	19 11	☽#♃	G
24	0 32	☽⚹☿	G
Mo	6 48	☽♑	
	9 31	☽□☉	B
	15 10	☽△♀	G
	18 42	☽⊻♆	g
	19 16	☽∠♅	b
25	0 15	☽☌♂	B
Tu	7 49	☽⊻♇	g
	8 56	☽☍♃	B
	18 32	☿∠♇	
26	0 02	☽⚻♀	b
We	0 49	☽⊻♅	g
	2 32	♀▽♆	
	13 45	☽∠♇	b
	14 38	☽□☿	B
	16 39	☽#♃	G
	18 01	☽⚻♄	b
	18 05	☽♒	
27	0 05	♄Stat	
Th	2 15	☽△☉	G
	6 24	☽☌♆	D
	13 52	☽#♄	B
	15 23	☽⊻♂	g
	20 06	☽⚹♇	G
28	0 21	☽△♄	G
Fr	8 35	☽∥♆	D
	11 22	☽⚻☉	b
	13 15	☽☌♅	B
	14 54	☿Q♂	
	23 26	☽∠♂	b
29	4 11	☉△♆	
Sa	4 26	☽⚻♃	b
	5 28	☽△☿	G
	6 50	☽♓	
	9 07	☽∥♅	B
	9 33	☉⚻♅	
	12 02	☽∥☿	G
	19 09	☽⊻♆	g
30	1 42	☽∥♇	D
Su	5 25	☽☍♀	B
	7 24	☽⚹♂	G
	8 57	☽□♇	B
	11 00	☽△♃	G
	12 18	☽⚻☿	b
	13 02	☽□♄	B
	23 02	♀±♆	

OCTOBER

1	0 53	☽#♀	G
Mo	1 18	☽∠♆	b
	1 42	☽⊻♅	g
	14 18	♂⊻♇	
	16 12	♀□♇	
	18 03	♀△♂	
	19 08	☽♈	
	19 22	☿Stat	
2	0 25	☽∥☉	G
Tu	7 09	☽⚹♆	G
	7 30	☽∠♅	b
	13 49	☽☍☉	B
	15 49	♀⚹♃	
	20 48	☽△♇	G
	22 22	☽□♂	B
	23 11	☽□♃	B
3	0 23	☿∠♀	
We	0 39	☽⚹♄	G
	6 54	♀□♄	
	12 56	☽⚹♅	G
	13 54	☽#☉	G
	17 09	♂☍♃	
4	2 09	☽⚻♇	b
Th	2 50	☽∥♀	G
	4 45	☽☍☿	B
	5 52	☽∠♄	b
	6 01	☽♉	
	8 25	☽⚻♀	b
	17 41	☽□♆	B
	18 21	♂▽♄	
5	4 32	♂⊥♅	
Fr	8 03	☽#♇	D
	9 43	☽⚹♃	G
	10 39	☽⊻♄	g
	11 32	☽△♂	G
	16 19	☽△♀	G
	18 19	☽#☿	G
	22 33	☽□♅	B
	23 32	☽#♅	B
6	6 00	☉⚹♇	
Sa	12 00	☽⚻☉	b
	14 18	☽∠♃	b
	15 12	☽♊	
	17 21	☽⚻♂	b
	21 44	☿∠♇	
	21 51	☽#♆	D
	23 27	☉#♀	
7	2 27	☽△♆	G
Su	14 13	☽∥♄	B
	14 36	☽⚻☿	b
	15 31	☽☍♇	B
	18 12	☽△☉	G
	18 20	☽⊻♃	g
	18 48	☽●♄	B
	20 08	☉□♃	
8	1 58	☉△♄	
Mo	5 28	♀⚻♆	
	6 04	☽⚻♆	b
	6 08	☽□♀	B
	6 15	☽△♅	G
	6 21	☿⊥♀	
	7 25	♀▽♅	
	7 41	☽∥♃	G
	16 24	☽△☿	G
	22 19	☽♋	
9	9 14	☽⚻♅	b
Tu	23 18	☿∥♇	
10	0 35	☽☌♃	G
We	0 37	☽⊻♄	g
	4 20	☽□☉	B
	6 55	☽☍♂	B
	7 03	♃⊻♄	
	16 43	☽⚹♀	G
	17 47	☽□☿	B
	23 34	☿⊻♀	
	23 46	☽⚻♇	b
11	2 33	☽∠♄	b
Th	2 54	☽♌	
	4 51	☽∥♃	G
	11 19	♂⊥♇	
	13 07	☽☍♆	B
	20 42	☽∠♀	b
	20 56	☽∥♄	B
12	1 12	☽△♇	G
Fr	3 49	☽⚹♄	G
	4 07	☽⊻♃	g
	11 11	☽⚹☉	G
	11 28	☽#♆	D
	14 15	☽☍♅	B
	16 34	☽⚹☿	G
	23 55	☽⊻♀	g
13	1 39	♀Q♃	
Sa	2 23	♀±♅	
	4 58	☽♍	
	4 59	☽∠♃	b
	6 52	☽#♅	B
	13 18	♃±♅	
	13 34	☽∠☉	b
	14 00	☽⚻♂	b
	15 14	☽∠☿	b
	19 57	☽#♇	D
	20 08	♂±♄	
	20 45	☿△♅	
14	0 38	☿□♂	
Su	1 43	☉☌☿	
	2 28	☽□♇	B
	4 49	☽□♄	B
	5 26	☽⚹♃	G
	7 35	♂⊻♅	
	7 36	☉△♅	
	7 37	☉□♂	
	9 46	☽#☿	G
	13 39	☽⊻☿	g
	14 16	☽#☉	G
	14 58	☽⚻♆	b
	15 21	☽△♂	G
	15 32	☽⊻☉	g
15	4 52	☽☌♀	G
Mo	5 26	☽♎	
	9 48	☉∥☿	
	11 42	♀♎	
	15 04	☽△♆	G
	15 06	☽⚻♅	b
	18 59	☽∥♀	G
16	2 51	☽⚹♇	G
Tu	4 07	☽#♀	G
	5 00	☽△♄	G
	5 55	☽□♃	B
	10 32	☽☌☿	G
	13 04	♀Q♇	
	15 19	☽△♅	G
	17 58	☽□♂	B
	19 23	☽☌☉	D
17	3 18	☽∠♇	b
We	5 23	☽⚻♄	b
	5 32	☽∥☿	G
	6 02	☽♏	
	9 59	☽⊻♀	g
	14 45	☽∥☉	G
	15 57	☽□♆	B
18	1 49	♆Stat	
Th	4 15	☽⊻♇	g
	4 56	☽∥♇	D
	7 33	☽△♃	G
	9 02	☽⊻☿	g
	13 30	☽∠♀	b
	17 11	☽□♅	B
	18 25	☽∥♅	B
	22 30	☽⚹♂	G
19	1 21	☽⊻☉	g
Fr	8 47	☽♐	
	9 24	☽⚻♃	b
	9 31	☽∠☿	b
	11 48	☿□♃	
	14 38	☽∥♆	D
	18 05	☽⚹♀	G
	19 20	☽⚹♆	G
20	2 11	☽∠♂	b
Sa	5 31	☽#♄	B
	5 53	☽∠☉	b
	6 53	♀⚻♅	
	7 36	♀△♆	
	8 37	☽☌♇	D
	10 31	☽☍♄	B
	11 08	☽⚹☿	G
	22 12	☽#♃	G
	22 21	☽⚹♅	G
	22 25	☽∠♆	b
21	7 02	☽⊻♂	g
Su	10 46	☿△♄	
	11 08	☽∥♂	B
	11 42	☽⚹☉	G
	15 11	☽♑	
	19 18	☉∠♇	
22	2 27	☽∠♅	b
Mo	2 33	☽⊻♆	g
	7 16	☽□♀	B
	16 57	☽⊻♇	g
	17 24	☉⚻♄	
	18 21	☽□☿	B
	20 52	☽☍♃	B
23	0 23	☿Stat	
Tu	7 30	☽⊻♅	g
	8 26	☉♏	
	20 11	☽●♂	B
	22 17	☽∥♂	B
	22 30	☽∠♇	b
24	0 05	☽⚻♄	b
We	1 26	☽♒	
	2 42	☿△♄	
	2 58	☽□☉	B
	5 48	☽#♃	G
	13 27	☽☌♆	D
25	0 26	☽#♄	B
Th	1 16	☽△♀	G
	4 39	☽⚹♇	G
	6 03	☽△♄	G
	6 53	☽△☿	G
	15 10	♂∠♇	
	17 05	☽∥♆	D
	19 32	☽☌♅	B
26	10 19	♀⚹♇	
Fr	11 11	☽⚻♀	b
	12 15	☽⊻♂	g
	12 58	♂⚻♄	
	13 56	☽♓	
	14 26	☉∥♇	
	14 37	☽⚻☿	b
	15 10	☽⚻♃	b
	16 37	☽∥♅	B
	21 03	☽△☉	G
	21 24	♀△♄	
27	0 55	☿□♃	
Sa	2 06	☽⊻♆	g
	5 25	♂#♃	
	7 01	☽∥☉	G
	8 20	☽∥♇	D
	16 17	☿∥♀	
	17 19	♂♒	
	17 30	☽□♇	B
	18 29	☽□♄	B
	20 25	☽∠♂	b
	21 31	☽△♃	G
28	1 36	♀□♃	
Su	6 04	☽⚻☉	b
	8 07	☽⊻♅	g
	8 20	☽∠♆	b
	23 43	☽∥♀	G
29	1 12	☽∥☿	G
Mo	2 15	☽♈	
	4 14	☽⚹♂	G
	9 31	☉□♆	
	13 57	☽∠♅	b
	14 11	☽⚹♆	G
30	5 17	☽△♇	G
Tu	5 50	☽⚹♄	G
	9 06	☽□♃	B
	15 17	☽☍♀	B
	15 19	☽☍☿	B
	18 54	☿☌♀	
	19 17	☽⚹♅	G
	22 55	♅Stat	
31	2 51	☉⊥♇	
We	4 09	☽#☿	G
	7 18	☉±♄	
	7 21	☽#♀	G
	10 25	☽⚻♇	b
	10 44	☽∠♄	b
	12 48	☽♉	
	18 06	☽□♂	B

NOVEMBER

1	0 20	☽□♆	B
Th	5 41	☽☍☉	B
	6 59	♀△♅	
	9 04	☿△♅	
	15 06	☽⊻♄	g
	15 25	☽#♇	D
	18 33	☽⚹♃	G
2	2 51	☽#☉	G
Fr	4 20	☽□♅	B
	5 36	☽#♅	B
	6 08	♄☍♇	

	15 34	♃Stat	
	21 12	☽♊	
	22 29	☽∠♃	b
3	2 50	☽#♆	D
Sa	5 28	☽△♂	G
	7 28	☿☌♀	
	8 23	☽△♆	G
	13 16	☽⚼♀	b
	13 20	☽⚼☿	b
	15 47	☉∥♅	
	17 11	☽∥♄	B
	20 42	☽#♂	B
	22 21	☽●♄	B
	22 39	☽☍♇	B
4	1 56	☽⚺♃	g
Su	10 13	☽∥♃	G
	10 20	☽⚼♂	b
	11 25	☽△♅	G
	11 42	☽⚼♆	b
	19 18	☽△♀	G
	19 45	☽△☿	G
	23 27	☽⚼☉	b
5	3 44	☽♋	
Mo	12 44	♂☌♆	
	14 18	☽⚼♅	b
	22 50	☉⚻♄	
6	2 12	♂#♄	
Tu	3 51	☽⚺♄	g
	4 16	☽△☉	G
	7 32	☽☌♃	G
	7 40	☉⚺♇	
	20 31	☿⚼♄	
7	3 49	☿∠♇	
We	5 41	☽□♀	B
	5 58	☽∠♄	b
	6 49	☽⚼♇	b
	7 10	☽□☿	B
	8 34	☽☊	
	8 37	♀⚼♄	
	13 29	☽∥♃	G
	18 26	♀∠♇	
	19 08	☽☍♆	B
	19 53	☿♏	
	21 58	☽☍♂	B
8	0 01	☉△♃	
Th	6 03	☽∥♄	B
	7 42	☽⚹♄	G
	8 43	☽△♇	G
	9 24	☽#♂	B
	11 27	☽⚺♃	g
	12 21	☽□☉	B
	13 28	♀♏	
	19 15	☽#♆	D
	19 15	☿∥♀	
	20 30	☽☍♅	B
9	5 37	☽#☉	G
Fr	11 49	☽♍	
	12 51	☽∠♃	b
	13 58	☽⚹♀	G
	14 39	☽#♅	B
	16 39	☽⚹☿	G
10	2 59	☽#♇	D
Sa	9 52	☽#☿	G
	10 05	☽□♄	B
	10 56	☽#♀	G
	11 27	☽□♇	B
	13 56	☽⚹♃	G
	17 28	☽∠♀	b
	18 40	☽⚹☉	G

	20 47	☽∠☿	b
	23 12	☽⚼♆	b
11	5 45	☽⚼♂	b
Su	13 53	☽♎	
	18 59	☿□♆	
	20 44	☽⚺♀	g
	21 26	☽∠☉	b
	23 47	☽⚼♅	b
12	0 06	☽△♆	G
Mo	0 44	☽⚺☿	g
	7 54	☽△♂	G
	9 52	☿±♄	
	11 40	☽△♄	G
	13 23	☽⚹♇	G
	15 37	☽□♃	B
	21 02	☿∥♇	
13	0 11	☽⚺☉	g
Tu	0 42	☽△♅	G
	1 44	☿⊥♇	
	7 32	☉□♅	
	12 02	♀□♆	
	12 30	☽⚼♄	b
	14 25	☽∠♇	b
	15 44	☽♏	
14	2 09	☽□♆	B
We	3 29	☽☌♀	G
	3 55	♀±♄	
	9 01	☽☌☿	G
	10 37	♀∥♇	
	12 40	☽□♂	B
	15 46	☽⚺♇	g
	15 55	☽∥♇	D
	16 24	☽∥♀	G
	17 48	☽△♃	G
	21 49	☽∥☿	G
15	3 18	☽□♅	B
Th	3 52	♀⊥♇	
	4 06	☽∥♅	B
	5 35	♂∥♆	
	6 00	♂△♄	
	6 40	☽☌☉	D
	10 50	☉∥♂	
	15 22	☉∥♆	
	18 51	☽♐	
	19 33	☽⚼♃	b
	22 48	☽∥♂	B
	23 49	☽∥♆	D
16	0 18	☿⚻♄	
Fr	0 27	☽∥☉	G
	5 46	☽⚹♆	G
	12 22	☽⚺♀	g
	12 54	☽#♄	B
	12 57	☉Q♆	
	16 33	☿□♂	
	17 27	☽☍♄	B
	19 39	☽⚹♂	G
	19 53	☽⚺☿	g
	20 09	☽☌♇	D
	22 08	☿⚺♇	
	23 53	☿∥♅	
17	5 26	♂⚹♇	
Sa	7 07	☽#♃	G
	8 14	☽⚹♅	G
	8 37	☽∠♆	b
	12 57	☿△♃	
	16 09	☽⚺☉	g
	18 16	☽∠♀	b
18	0 30	☽∠♂	b
Su	0 40	☽♑	

	2 59	☽∠☿	b
	11 56	☽∠♅	b
	12 20	☽⚺♆	g
	12 32	♂⚻♃	
	16 13	♀⚻♄	
	22 30	☽∠☉	b
19	1 21	☽⚹♀	G
Mo	3 45	☽⚺♇	g
	5 18	☽☍♃	B
	6 24	☽⚺♂	g
	11 24	☽⚹☿	G
	16 32	☽⚺♅	g
20	2 07	♀⚺♇	
Tu	5 08	☽⚼♄	b
	5 57	☽⚹☉	G
	7 00	♀∥♅	
	8 52	☽∠♇	b
	9 55	☽♒	
	15 21	☽#♃	G
	15 31	♀△♃	
	19 48	☿∥♂	
	22 22	☽☌♆	D
21	3 51	☿□♅	
We	9 58	♃±♅	
	10 36	☽△♄	G
	12 19	☽#♄	B
	14 41	☽⚹♇	G
	15 43	☽∥☉	G
	18 50	☽□♀	B
	21 02	☽☌♂	B
22	3 01	☽∥♆	D
Th	3 57	☽☌♅	B
	6 00	☉♐	
	6 46	☽∥☿	G
	7 11	☉⚼♃	
	7 38	☽□☿	B
	15 03	☽∥♂	B
	19 50	☽∥♀	G
	21 52	☽♓	
	21 53	☽⚼♃	b
	23 21	☽□☉	B
23	2 08	☽∥♅	B
Fr	4 57	☿Q♆	
	7 03	☿∥♆	
	10 44	☉#♄	
	10 44	☽⚺♆	g
	15 59	☽∥♇	D
	16 43	♀□♂	
	22 09	♀∥♂	
	22 41	☽□♄	B
24	3 24	☽□♇	B
Sa	4 03	☽△♃	G
	13 30	☽⚺♂	g
	14 32	☽△♀	G
	16 39	☽⚺♅	g
	17 05	☽∠♆	b
25	5 29	☽△☿	G
Su	10 21	☽♈	
	10 50	♀□♅	
	17 21	☽△☉	G
	21 26	☽∠♂	b
	22 41	☽∠♅	b
	23 07	☽⚹♆	G
26	0 02	☽⚼♀	b
Mo	4 30	♂±♃	
	10 17	☽⚹♄	G
	14 30	☿⚼♃	
	15 27	☽△♇	G
	15 32	☽□♃	B

	15 42	☽⚼☿	b
	18 23	☿♐	
	19 07	♂☌♅	
27	0 16	♃⚻♇	
Tu	1 33	☽⚼☉	b
	2 39	☿#♄	
	4 11	☽⚹♅	G
	4 43	☽⚹♂	G
	15 17	☽∠♄	b
	20 36	☽⚼♇	b
	21 06	☽♉	
28	1 22	♀Q♆	
We	9 24	☽□♆	B
	15 35	☉⚹♆	
	19 35	☽⚺♄	g
29	0 35	☽⚹♃	G
Th	0 49	☽#♇	D
	12 59	☽#♅	B
	13 05	☽□♅	B
	13 07	☽#♂	B
	15 20	♂∥♅	
	16 10	♀∥♆	
	16 50	☽□♂	B
	23 21	☽☍♀	B
30	4 04	☽∠♃	b
Fr	5 04	☽♊	
	5 12	☉∥☿	
	9 48	☽#♆	D
	11 33	☽#♀	G
	13 39	☉±♃	
	16 14	☽☍☿	B
	16 52	☽△♆	G
	20 49	☽☍☉	B
	21 40	☿⚹♆	
	22 29	☽∥♄	B
DECEMBER			
1	2 08	☽●♄	B
Sa	6 54	☽⚺♃	g
	7 50	☽☍♇	B
	11 18	☉Q♅	
	11 19	☽#☉	G
	14 27	☽#☿	G
	19 04	☽∥♃	G
	19 17	☽△♅	G
	19 39	☽⚼♆	b
	21 43	♀⚼♃	
2	0 31	☿±♃	
Su	1 48	☽△♂	G
	10 30	☽♋	
	11 11	♀♐	
	16 59	☿Q♅	
	21 09	☿#♃	
	21 36	☽⚼♅	b
3	5 24	☽⚼♂	b
Mo	6 30	☽⚺♄	g
	11 04	☽☌♃	G
	14 13	☉☍♄	
	15 03	☽⚼♀	b
4	0 47	☿☍♄	
Tu	8 08	☽∠♄	b
	9 07	☽⚼☿	b
	9 39	☽⚼☉	b
	11 51	☽#☿	G
	14 15	☽☊	
	14 16	☽⚼♇	b
	17 48	☽∥♃	G
	19 12	♂Q♇	
	19 16	☽△♀	G

	21 04	☽#☉	G
	21 36	☉☌☿	
5	1 33	☽☍♆	B
We	9 33	☽⚹♄	G
	12 19	♀#♄	
	13 10	☽△☉	G
	13 52	☽△☿	G
	13 59	☽⚺♃	g
	14 07	☽#♀	G
	14 16	☽∥♄	B
	14 51	☿⚻♃	
	15 51	☽△♇	G
	23 26	☉⚻♃	
6	2 07	☽#♆	D
Th	2 44	☽☍♅	B
	8 12	☿☌♇	
	14 20	☽☍♂	B
	15 12	☽∠♃	b
	17 11	☽♍	
	21 36	☽#♅	B
7	3 06	☽□♀	B
Fr	3 53	☉☌♇	
	5 17	♂⚼♃	
	7 29	☽#♂	B
	8 08	☽#♇	D
	12 03	☽□♄	B
	14 24	☿Q♂	
	16 23	☽⚹♃	G
	18 45	☽□♇	B
	18 59	♀⚹♆	
	19 00	♂∥♇	
	19 52	☽□☉	B
	20 03	☉#♃	
	22 57	☽□☿	B
8	5 54	☽⚼♆	b
Sa	12 48	♀±♃	
	19 57	☽♎	
	21 52	♂♓	
9	7 05	☽⚼♅	b
Su	7 23	☽△♆	G
	10 52	☽⚹♀	G
	14 37	☽△♄	G
	18 53	☽□♃	B
	21 48	☽⚹♇	G
	22 44	☽⚼♂	b
10	2 05	♀Q♅	
Mo	2 45	☽⚹☉	G
	8 19	☽⚹☿	G
	8 43	☽△♅	G
	11 56	☿⚹♅	
	14 36	☿∠♆	
	15 00	☽∠♀	b
	16 06	☽⚼♄	b
	23 09	☽♏	
	23 35	☽∠♇	b
11	1 52	☽△♂	G
Tu	2 33	♀☍♄	
	6 32	☽∠☉	b
	10 53	☽□♆	B
	13 26	☽∠☿	b
	19 28	☽∥♂	B
	19 29	☽⚺♀	g
	22 05	☽△♃	G
12	1 01	☽∥♇	D
We	1 38	☽⚺♇	g
	10 42	☽⚺☉	g
	11 25	☽∥♅	B
	12 48	☽□♅	B
	19 02	☽⚺☿	g

	19 27	☉Q♂		Mo	2 56	☽⚺♅	g		22 29	☽⚹☿	G	Tu	6 12	☽♉			23 52	☉∠♅	
	21 49	♀▽♃			9 44	☽⚻♄	b		23 41	☽∥♇	D		7 44	☽⚻♇	b	29	0 21	☉⚺♆	
13	0 10	☽⚻♃	b		10 04	☽⚺☉	g		23 58	☽☌♂	B		8 45	☽#♂	B	Sa	6 25	☽△♅	G
Th	3 30	☽♐			12 31	☽∥☉	G	21	2 30	☽□♄	B		13 36	☽△☉	G		6 26	☽⚻♆	b
	7 40	☽∥♆	D		13 52	♀#♃		Fr	6 35	☽△♃	G		17 59	☿±♄			8 56	☽∥♃	G
	9 18	☽□♂	B		18 43	☽♒			13 46	☽□♇	B		18 58	☿⚺♇			11 56	☽#☉	G
	15 42	☽⚹♆	G		19 42	☽∠♇	b		17 47	☿⚹♂			20 08	☽□♆	B		16 08	☿⊥♇	
	15 49	☉⚹♅			20 09	☽∥♀	G		19 21	☉♑		26	0 44	☿⊥♅			19 24	☽#♀	G
	19 32	☉∠♆			20 36	☽#♃	G		22 13	☽∥♂	B	We	0 53	☽⚺♄	g		19 40	☽♋	
	19 49	☽#♄	B	18	1 37	☽⚺☿	g	22	2 40	☽⚺♅	g		4 10	☽⚹♃	G		20 07	☽#☿	G
	22 29	☽☍♄	B	Tu	3 59	☽∠♀	b	Sa	2 50	☽∠♆	b		6 30	☽⚹♂	G		22 25	☿⚺♅	
14	6 02	☽•♀	G		8 09	☽⚺♂	g		3 23	☿▽♄			7 25	♀♑			23 23	☿∥♀	
Fr	7 02	☽☌♇	D		8 23	☽☌♆	D		8 44	☽□♀	B		11 05	☽#♇	D	30	3 58	☽☍♀	B
	14 42	☽∥♀	G		12 07	♂⚺♆			13 35	♂□♄			11 15	☽⚻♀	b	Su	8 16	☽⚻♅	b
	16 51	♀☌♇			14 49	☽△♄	G		18 45	☽♈			14 51	☽△☿	G		10 41	☽☍☉	B
	18 37	☽⚹♅	G		18 01	☽∠☉	b		20 56	☽□☉	B		20 29	☽⚻☉	b		11 44	☽⚺♄	g
	18 53	☽∠♆	b		23 32	☽#♄	B		22 16	☉⊥♆			20 50	☽#♅	B		14 09	☽•♃	G
	19 42	☽#♃	G	19	1 17	☽⚹♇	G	23	3 32	☉∥♀		27	0 22	☽□♅	B		18 50	♂□♇	
	20 47	☽•●	D	We	11 42	☽∠☿	b	Su	6 59	☿☍♃		Th	1 51	♂⊥♆			23 01	☽△♂	G
15	2 16	☽∥☉	G		13 04	☽∥♆	D		8 58	☽∠♅	b		7 52	☽∠♃	b	31	0 31	☉▽♄	
Sa	8 24	☽☌☿	G		13 05	☽⚹♀	G		9 08	☽⚹♆	G		7 56	♀⊥♆		Mo	5 17	☿⚻♄	
	9 48	☽♑			13 58	☽☌♅	B		14 37	☽⚹♄	G		14 39	☽♊			12 04	☽#♀	G
	19 08	☽⚹♂	G		21 41	♀⚹♅			16 24	☽⚺♂	g		16 02	♀Q♂			12 47	☽∠♄	b
	19 55	☿♑			23 47	♀∠♆			18 21	☽□♃	B		18 13	☽#♆	D		13 43	☽☍☿	B
	22 26	☽∠♅	b	20	0 39	☽⚻♃	b		20 13	☽□☿	B		22 16	☽⚻☿	b		20 21	☽#☿	G
	22 41	☽⚺♆	g	Th	2 41	☽⚹☉	G	24	2 15	☽△♇	G	28	3 52	☽△♆	G		20 58	☽#☉	G
16	9 35	☽☍♃	B		5 14	☿∠♅		Mo	14 51	☽⚹♅	G	Fr	6 19	☽∥♄	B		21 21	☽∥♃	G
Su	10 11	☿⊥♆			6 09	☽♓			19 54	♂△♃			7 54	☽•♄	B		22 09	☽☊	
	14 47	☽⚺♇	g		6 51	☿⚺♆			20 06	☽∠♄	b		10 43	☽⚺♃	g		23 52	☽⚻♇	b
	19 44	☽⚺♀	g		12 28	☽∥♅	B		23 54	☽∠♂	b		16 36	☽□♂	B				
17	1 14	☽∠♂	b		20 25	☽⚺♆	g	25	3 21	☽△♀	G		19 10	☽☍♇	B				

DISTANCES APART OF ALL ☌s AND ☍s IN 2001

Note: The Distances Apart are in Declination

JANUARY

4	19	55	☽☍♂	3	29
6	02	09	☽☌♄	1	54
6	14	45	☽☌♃	2	50
7	11	07	☽☍♇	7	30
9	20	24	☽●☉	0	23
10	12	39	☽☍☿	0	46
10	21	42	☽☍♆	1	56
11	19	07	☽☍♅	2	09
13	04	51	☽☍♀	3	26
14	01	10	☿☌♆	2	04
17	22	20	☽☌♂	3	17
18	16	12	☽☍♄	1	58
19	06	01	☽☍♃	2	54
20	07	48	☽☌♇	7	34
22	19	35	☿☌♅	0	21
24	13	07	☽☌☉	1	40
24	16	21	☽☌♆	1	58
25	20	20	☽☌♅	2	11
26	03	55	☉☌♆	0	10
26	05	28	☽☌☿	2	45
28	19	48	☽☌♀	5	29

FEBRUARY

2	09	05	☽☍♂	2	55
2	10	31	☽☌♄	1	58
2	23	14	☽☌♃	2	54
3	21	33	♂☍♄	0	55
3	22	30	☽☍♇	7	42
7	10	58	☽☍♆	2	01
8	07	12	☽☍☉	2	48
8	09	01	☽☍♅	2	14
8	21	25	☽☍☿	6	18
9	12	19	☉☌♅	0	38
11	11	18	☽☍♀	7	25
13	00	17	☉☌☿	3	28
14	23	33	☽☍♄	1	57
15	10	38	☽☌♂	2	34
15	13	45	☽☍♃	2	51
15	18	38	☿☌♅	4	08
16	15	11	☽☌♇	7	50
19	01	57	♂☍♃	0	22
21	00	36	☽☌♆	2	04
21	19	02	☽☌☿	5	17
22	05	42	☽☌♅	2	17
23	08	21	☽☌☉	3	40
26	16	47	☽☌♀	9	40

MARCH

1	18	57	☽☌♄	1	50
2	09	33	☽☌♃	2	41
2	18	03	☽☍♂	2	06
3	06	44	☽☍♇	8	02
6	22	58	☽☍♆	2	10
7	18	55	☽☍☿	2	47
7	22	28	☽☍♅	2	22
9	17	23	☽☍☉	4	15
10	09	50	☿☌♅	0	08
11	15	42	☽☍♀	11	30
14	11	10	☽☍♄	1	45
15	03	29	☽☍♃	2	32
15	21	01	☽☌♂	1	45
15	23	12	☽☌♇	8	12
18	11	45	♂☌♇	9	55
20	09	03	☽☌♆	2	16
21	15	24	☽☌♅	2	27
22	20	08	☽☌☿	1	56
25	01	21	☽☌☉	4	33
25	16	24	☽☌♀	12	14
29	04	29	☽☌♄	1	36
29	22	05	☽☌♃	2	16
30	04	16	☉☌♀	7	22
30	12	21	☽☍♇	8	24
30	21	16	☽☍♂	1	25

APRIL

3	07	59	☽☍♆	2	25
4	09	18	☽☍♅	2	35
6	22	49	☽☍☿	2	27
7	04	54	☽☍♀	10	50
8	03	22	☽☍☉	4	35
8	15	25	☿☌♀	8	00
11	01	43	☽☍♄	1	28
11	21	29	☽☍♃	2	03
12	07	46	☽☌♇	8	32
13	01	56	☽☌♂	1	19
16	17	40	☽☌♆	2	32
18	01	11	☽☌♅	2	42
21	03	09	☽☌♀	8	00
23	09	24	☉☌☿	0	25
23	15	26	☽☌☉	4	18
23	16	04	☽☌☿	3	55
25	16	12	☽☌♄	1	19
26	13	22	☽☌♃	1	46
26	17	26	☽☍♇	8	39
27	16	12	☽☍♂	1	28
30	14	18	☽☍♆	2	40

MAY

1	17	01	☽☍♅	2	49
4	13	26	☽☍♀	5	37
6	10	40	♃☍♇	10	17
7	06	26	☿☌♄	3	29
7	13	53	☽☍☉	3	47
8	17	05	☽☍♄	1	12
8	22	17	☽☍☿	4	41
9	15	56	☽☌♇	8	42
9	17	25	☽☍♃	1	31
10	19	19	☽☌♂	1	56
14	02	02	☽☌♆	2	46
14	17	52	☿☍♇	13	03
15	10	25	☽☌♅	2	55
16	11	15	☿☌♃	2	46
19	12	36	☽☌♀	3	46
23	02	46	☽☌☉	2	54
23	06	17	☽●♄	1	05
23	23	50	☽☍♇	8	42
24	07	23	☽●♃	1	15
24	19	36	☽☌☿	2	50
24	23	12	☽☍♂	2	50
25	12	33	☉☌♄	1	40
27	06	03	☿☍♂	0	42
27	19	48	☽☍♆	2	50
28	22	55	☽☍♅	2	59

JUNE

2	08	13	☽☍♀	2	34
4	11	50	☉☍♇	10	39
5	07	35	☽☍♄	0	58
5	22	45	☽☌♇	8	40
6	01	39	☽☍☉	1	52
6	13	28	☽☍♃	1	00
6	19	37	☽☌♂	3	54
7	04	41	☽☍☿	0	28
10	09	28	☽☌♆	2	51
11	18	17	☽☌♅	3	01
12	17	01	♂☍♃	3	32
13	17	46	☉☍♂	3	16
14	12	38	☉☌♃	0	19
16	13	26	☉☌☿	3	34
17	23	31	☽☌♀	1	31
18	10	12	☿☌♃	3	37
19	21	52	☽●♄	0	51
20	07	57	☽☍♇	8	35
20	19	44	☽☍♂	5	04
21	00	09	☽☌☿	3	05
21	03	24	☽●♃	0	44
21	11	58	☽●●	0	34
24	02	25	☽☍♆	2	51
25	05	01	☽☍♅	3	01

JULY

1	19	25	☽☍♀	0	41
2	20	26	☽☍♄	0	44
3	04	03	☽☌♇	8	30
3	11	16	☽☌♂	5	49
3	21	59	☽☍☿	2	40
4	08	36	☽☍♃	0	29
5	15	04	☽●☉	0	40
7	15	34	☽☌♆	2	49
9	00	22	☽☌♅	2	59
12	22	29	☿☌♃	1	56
15	07	32	♀☌♄	0	43
17	09	46	♀☍♇	8	10
17	13	22	☽●♄	0	34
17	16	59	☽☍♇	8	25
17	17	37	☽●♀	0	16
17	20	51	☽☍♂	6	07
19	00	08	☽●♃	0	11
19	09	19	♀☍♂	6	29
19	13	17	☽●☿	0	59
20	19	44	☽☌☉	1	55
21	10	52	☽☍♆	2	47
22	12	34	☽☍♅	2	56
30	07	32	☽☍♄	0	25
30	08	45	☽☌♇	8	21
30	11	48	☉☍♆	0	08
30	14	54	☽☌♂	5	58
31	16	24	☽☍♀	1	04

AUGUST

1	02	21	☽☍♃	0	04
2	21	58	☿☍♆	1	39
3	20	30	☽☌♆	2	44
4	01	23	☽☍☿	1	11
4	05	56	☽☍☉	2	55
5	04	52	☽☌♅	2	53
5	17	03	♄☍♇	8	40
5	21	51	☉☌☿	1	39
5	22	50	♀☌♃	1	12
10	14	57	☿☍♅	0	56
14	01	36	☽☍♇	8	20
14	02	54	☽●♄	0	12
14	13	38	☽☍♂	5	23
15	15	25	☉☍♅	0	43
15	19	50	☽●♃	0	23
16	13	03	☽☌♀	1	55
17	20	26	☽☍♆	2	44
18	21	28	☽☍♅	2	51
19	02	55	☽☌☉	3	44
20	01	39	☽☌☿	3	13
26	14	24	☽☌♇	8	19
26	17	21	☽☍♄	0	02
27	12	50	☽☌♂	4	38
28	18	33	☽☍♃	0	38
30	20	39	☽☍♀	2	32
31	01	05	☽☌♆	2	44

SEPTEMBER

1	08	44	☽☌♅	2	49
1	15	55	♀☍♆	0	09
2	21	43	☽☍☉	4	16
5	00	26	☽☍☿	5	20
10	09	00	☽☍♇	8	22
10	12	50	☽●♄	0	11
11	18	56	☽☍♂	3	30
12	12	32	☽●♃	0	57
14	05	36	☽☍♆	2	48
14	07	06	♀☍♅	0	07
15	06	29	☽☍♅	2	52
15	08	35	☽☌♀	3	00
17	10	27	☽☌☉	4	33
19	07	40	☽☌☿	6	54
22	22	18	☽☌♇	8	24
23	02	19	☽☍♄	0	20
25	00	15	☽☌♂	2	24
25	08	56	☽☍♃	1	11
27	06	24	☽☌♆	2	52
28	13	15	☽☌♅	2	55
30	05	25	☽☍♀	3	13

OCTOBER

2	13	49	☽☍☉	4	33
3	17	09	♂☍♃	2	58
4	04	45	☽☍☿	7	27
7	15	31	☽☍♇	8	28
7	18	48	☽●♄	0	31
10	00	35	☽☌♃	1	26
10	06	55	☽☍♂	1	03
11	13	07	☽☍♆	3	00
12	14	15	☽☍♅	3	01
14	01	43	☉☌☿	1	31
15	04	52	☽☌♀	3	14
16	10	32	☽☌☿	5	11
16	19	23	☽☌☉	4	17
20	08	37	☽☌♇	8	30
20	10	31	☽☍♄	0	35
22	20	52	☽☍♃	1	35
23	20	11	☽●♂	0	07
24	13	27	☽☌♆	3	06
25	19	32	☽☌♅	3	06
30	15	17	☽☍♀	3	01
30	15	19	☽☍☿	2	27
30	18	54	☿☌♀	0	34

NOVEMBER

1	05	41	☽☍☉	3	41
2	06	08	♄☍♇	7	57
3	07	28	☿☌♀	0	37
3	22	21	☽●♄	0	37
3	22	39	☽☍♇	8	34
5	12	44	♂☌♆	2	02
6	07	32	☽☌♃	1	41

DISTANCES APART OF ALL ☌s AND ☍s IN 2001

Note: The Distances Apart are in Declination

7	19 08	☽☍♆	3 13	29	23 21	☽☍♀	1 46	6	08 12	☿☌♇	10 47	20	23 58	☽☌♂	3 47
7	21 58	☽☍♂	1 20	30	16 14	☽☍☿	2 21	6	14 20	☽☍♂	3 10	23	06 59	☿☍♃	2 10
8	20 30	☽☍♅	3 13	30	20 49	☽☍☉	1 39	7	03 53	☉☌♇	9 43	28	07 54	☽•♄	0 13
14	03 29	☽☌♀	2 33		DECEMBER			11	02 33	♀☍♄	1 25	28	19 10	☽☍♇	8 41
14	09 01	☽☌☿	2 21					13	22 29	☽☍♄	0 21	30	03 58	☽☍♀	0 22
15	06 40	☽☌☉	2 51	1	02 08	☽•♄	0 28	14	06 02	☽•♀	0 49	30	10 41	☽☍☉	1 04
16	17 27	☽☍♄	0 34	1	07 50	☽☍♇	8 37	14	07 02	☽☌♇	8 38	30	14 09	☽•♃	1 15
16	20 09	☽☌♇	8 35	3	11 04	☽☌♃	1 36	14	16 51	♀☌♇	9 25	31	13 43	☽☍☿	0 23
19	05 18	☽☍♃	1 41	3	14 13	☉☍♄	1 51	14	20 47	☽•●	0 23				
20	22 22	☽☌♆	3 18	4	00 47	☿☍♄	2 42	15	08 24	☽☌☿	1 37				
21	21 02	☽☌♂	2 19	4	21 36	☉☌☿	0 56	16	09 35	☽☍♃	1 27				
22	03 57	☽☌♅	3 19	5	01 33	☽☍♆	3 21	18	08 23	☽☌♆	3 23				
26	19 07	♂☌♅	0 43	6	02 44	☽☍♅	3 23	19	13 58	☽☌♅	3 25				

PHENOMENA IN 2001

d h JANUARY
2 22 ☽ Zero Dec.
4 09 ⊕ in perihelion
9 09 ☽ Max. Dec.22°N34′
9 20 ◗ Total eclipse
10 09 ☽ in Perigee
15 11 ☽ Zero Dec.
17 07 ♀ Gt.Elong. 47 ° E.
19 14 ♀☊
22 16 ☽ Max. Dec.22°S34′
24 19 ☽ in Apogee
27 23 ☿☊
28 14 ☿ Gt.Elong. 18 ° E.
30 04 ☽ Zero Dec.

FEBRUARY
1 15 ☿ in perihelion
5 20 ☽ Max. Dec.22°N36′
7 22 ☽ in Perigee
11 20 ☽ Zero Dec.
18 21 ☽ Max. Dec.22°S39′
20 22 ☽ in Apogee
22 12 ♀ in perihelion
26 09 ☽ Zero Dec.

MARCH
5 05 ☽ Max. Dec.22°N45′
7 07 ☿☋
8 09 ☽ in Perigee
11 06 ☽ Zero Dec.
11 07 ☿ Gt.Elong. 27 ° W.
17 15 ☿ in aphelion
18 04 ☽ Max. Dec.22°S51′
20 11 ☽ in Apogee
20 14 ☉ enters ♈,Equinox
25 15 ☽ Zero Dec.

APRIL
1 11 ☽ Max. Dec.23°N01′
5 10 ☽ in Perigee
7 16 ☽ Zero Dec.
12 05 ♂☋
14 12 ☽ Max. Dec.23°S08′
17 06 ☽ in Apogee
21 23 ☽ Zero Dec.
25 23 ☿☊
28 16 ☽ Max. Dec.23°N15′
30 14 ☿ in perihelion

d h MAY
2 04 ☽ in Perigee
5 01 ☽ Zero Dec.
11 03 ♀☋
11 20 ☽ Max. Dec.23°S20′
15 01 ☽ in Apogee
19 08 ☽ Zero Dec.
22 05 ☿ Gt.Elong. 22 ° E.
25 23 ☽ Max. Dec.23°N23′
27 07 ☽ in Perigee

JUNE
1 08 ☽ Zero Dec.
3 06 ☿☋
8 05 ☽ Max. Dec.23°S25′
8 06 ♀ Gt.Elong. 46 ° W.
11 20 ☽ in Apogee
13 14 ☿ in aphelion
14 19 ♀ in aphelion
15 17 ☽ Zero Dec.
21 08 ☉ enters ♋,Solstice
21 12 ● Total eclipse
22 08 ☽ Max. Dec.23°N25′
23 17 ☽ in Perigee
28 13 ☽ Zero Dec.

JULY
4 14 ⊕ in aphelion
5 12 ☽ Max. Dec.23°S25′
5 15 ◗ Partial eclipse
9 11 ☽ in Apogee
9 18 ☿ Gt.Elong. 21 ° W.
13 01 ☽ Zero Dec.
19 18 ☽ Max. Dec.23°N25′
21 21 ☽ in Perigee
22 22 ☿☊
25 19 ☽ Zero Dec.
27 14 ☿ in perihelion

AUGUST
1 18 ☽ Max. Dec.23°S26′
5 21 ☽ in Apogee
9 07 ☽ Zero Dec.
16 04 ☽ Max. Dec.23°N29′
19 06 ☽ in Perigee
22 03 ☽ Zero Dec.
28 23 ☽ Max. Dec.23°S33′
30 05 ☿☋

d h SEPTEMBER
1 06 ♀☊
1 23 ☽ in Apogee
5 12 ☽ Zero Dec.
9 13 ☿ in aphelion
12 12 ☽ Max. Dec.23°N41′
16 16 ☽ in Perigee
18 13 ☽ Zero Dec.
18 23 ☿ Gt.Elong. 27 ° E.
22 23 ☉ enters ♎,Equinox
25 05 ☽ Max. Dec.23°S47′
29 06 ☽ in Apogee

OCTOBER
2 18 ☽ Zero Dec.
5 01 ♀ in perihelion
9 19 ☽ Max. Dec.23°N56′
12 08 ♂ in perihelion
14 23 ☽ in Perigee
16 00 ☽ Zero Dec.
18 21 ☿☊
22 13 ☽ Max. Dec.24°S02′
23 13 ☿ in perihelion
26 20 ☽ in Apogee
29 17 ☿ Gt.Elong. 19 ° W.
30 01 ☽ Zero Dec.

NOVEMBER
6 00 ☽ Max. Dec.24°N09′
11 17 ☽ in Perigee
12 09 ☽ Zero Dec.
18 23 ☽ Max. Dec.24°S13′
23 16 ☽ in Apogee
26 04 ☿☋
26 10 ☽ Zero Dec.

DECEMBER
3 07 ☽ Max. Dec.24°N15′
6 13 ☿ in aphelion
6 23 ☽ in Perigee
9 16 ☽ Zero Dec.
14 21 ● Annular eclipse
16 08 ☽ Max. Dec.24°S15′
21 13 ☽ in Apogee
21 19 ☉ enters ♑,Solstice
21 20 ♀☋
23 19 ☽ Zero Dec.
30 16 ☽ Max. Dec.24°N15′
30 23 ♃☊

LOCAL MEAN TIME OF SUNRISE FOR LATITUDES
60° North to 50° South
FOR ALL SUNDAYS IN 2001. (ALL TIMES ARE A.M.)

Date	NORTHERN LATITUDES								SOUTHERN LATITUDES					
	LONDON	60°	55°	50°	40°	30°	20°	10°	0°	10°	20°	30°	40°	50°
	H M	H M	H M	H M	H M	H M	H M	H M	H M	H M	H M	H M	H M	H M
2000 Dec. 31	8 5	9 3	8 25	7 58	7 22	6 55	6 34	6 16	6 0	5 43	5 24	5 2	4 34	3 54
2001 Jan. 7	8 5	8 59	8 23	7 58	7 22	6 57	6 37	6 19	6 2	5 45	5 27	5 6	4 40	4 1
,, 14	8 1	8 50	8 17	7 54	7 21	6 57	6 38	6 21	6 5	5 49	5 32	5 12	4 47	4 11
,, 21	7 54	8 39	8 10	7 48	7 18	6 56	6 38	6 22	6 8	5 53	5 37	5 19	4 55	4 22
,, 28	7 45	8 25	7 59	7 40	7 13	6 53	6 37	6 23	6 9	5 56	5 42	5 25	5 3	4 34
Feb. 4	7 34	8 8	7 46	7 30	7 6	6 49	6 35	6 22	6 10	5 59	5 46	5 32	5 13	4 47
,, 11	7 22	7 51	7 33	7 19	6 59	6 44	6 32	6 21	6 11	6 1	5 50	5 37	5 21	4 58
,, 18	7 9	7 32	7 17	7 6	6 50	6 38	6 28	6 19	6 11	6 2	5 53	5 42	5 29	5 11
,, 25	6 55	7 12	7 1	6 53	6 40	6 31	6 23	6 16	6 10	6 4	5 57	5 48	5 38	5 24
Mar. 4	6 40	6 52	6 44	6 39	6 30	6 23	6 18	6 13	6 9	6 4	5 59	5 53	5 45	5 35
,, 11	6 25	6 31	6 27	6 24	6 19	6 16	6 12	6 10	6 7	6 4	6 1	5 57	5 52	5 46
,, 18	6 9	6 10	6 9	6 9	6 8	6 7	6 6	6 6	6 5	6 4	6 2	6 2	6 0	5 57
,, 25	5 53	5 49	5 52	5 53	5 57	5 59	6 0	6 2	6 3	6 4	6 4	6 5	6 7	6 8
Apr. 1	5 37	5 27	5 33	5 38	5 45	5 50	5 54	5 58	6 1	6 4	6 7	6 10	6 15	6 20
,, 8	5 21	5 6	5 16	5 23	5 34	5 42	5 48	5 54	5 59	6 3	6 9	6 15	6 22	6 31
,, 15	5 6	4 45	4 59	5 8	5 23	5 34	5 42	5 50	5 57	6 4	6 11	6 19	6 28	6 41
,, 22	4 51	4 25	4 42	4 54	5 13	5 26	5 37	5 46	5 55	6 4	6 12	6 23	6 35	6 51
,, 29	4 37	4 5	4 26	4 41	5 3	5 20	5 32	5 44	5 54	6 5	6 15	6 28	6 42	7 3
May 6	4 24	3 46	4 11	4 29	4 55	5 13	5 28	5 41	5 53	6 5	6 18	6 32	6 49	7 13
,, 13	4 12	3 28	3 57	4 18	4 47	5 8	5 25	5 39	5 53	6 6	6 20	6 37	6 56	7 24
,, 20	4 2	3 12	3 45	4 8	4 41	5 4	5 22	5 38	5 53	6 7	6 22	6 40	7 1	7 32
,, 27	3 53	2 58	3 35	4 0	4 36	5 1	5 21	5 38	5 53	6 9	6 26	6 45	7 8	7 41
June 3	3 48	2 47	3 27	3 55	4 32	4 59	5 20	5 38	5 54	6 11	6 28	6 48	7 13	7 48
,, 10	3 43	2 39	3 22	3 51	4 31	4 58	5 20	5 38	5 56	6 13	6 31	6 52	7 17	7 54
,, 17	3 42	2 35	3 20	3 50	4 30	4 58	5 20	5 39	5 57	6 14	6 33	6 54	7 20	7 58
,, 24	3 43	2 36	3 21	3 51	4 32	5 0	5 22	5 41	5 58	6 16	6 35	6 56	7 23	8 0
July 1	3 47	2 41	3 25	3 54	4 34	5 2	5 24	5 42	6 0	6 18	6 36	6 57	7 23	8 0
,, 8	3 52	2 50	3 31	4 0	4 38	5 5	5 26	5 44	6 1	6 18	6 35	6 56	7 21	7 57
,, 15	3 59	3 2	3 40	4 6	4 43	5 8	5 29	5 46	6 2	6 18	6 35	6 54	7 17	7 51
,, 22	4 8	3 16	3 51	4 15	4 49	5 12	5 31	5 48	6 3	6 17	6 33	6 51	7 14	7 46
,, 29	4 18	3 32	4 2	4 24	4 55	5 17	5 34	5 49	6 3	6 17	6 31	6 48	7 8	7 37
Aug. 5	4 29	3 48	4 15	4 34	5 1	5 21	5 36	5 50	6 2	6 15	6 28	6 43	7 1	7 27
,, 12	4 40	4 5	4 28	4 44	5 8	5 25	5 39	5 51	6 2	6 13	6 24	6 37	6 53	7 15
,, 19	4 50	4 22	4 41	4 54	5 14	5 29	5 41	5 51	6 0	6 9	6 19	6 30	6 43	7 3
,, 26	5 2	4 39	4 54	5 5	5 21	5 33	5 43	5 51	5 58	6 6	6 14	6 23	6 34	6 49
Sept. 2	5 13	4 56	5 7	5 15	5 28	5 37	5 44	5 51	5 56	6 2	6 8	6 14	6 22	6 33
,, 9	5 25	5 12	5 20	5 26	5 34	5 41	5 46	5 50	5 54	5 58	6 2	6 6	6 11	6 18
,, 16	5 35	5 28	5 33	5 36	5 41	5 45	5 47	5 50	5 52	5 54	5 56	5 58	6 0	6 3
,, 23	5 46	5 45	5 46	5 47	5 48	5 48	5 49	5 49	5 49	5 49	5 49	5 49	5 48	5 47
,, 30	5 58	6 2	6 0	5 57	5 55	5 52	5 50	5 49	5 47	5 45	5 43	5 41	5 38	5 34
Oct. 7	6 9	6 18	6 13	6 8	6 2	5 56	5 52	5 48	5 45	5 41	5 36	5 32	5 26	5 18
,, 14	6 21	6 35	6 26	6 19	6 9	6 1	5 54	5 48	5 43	5 37	5 31	5 23	5 14	5 2
,, 21	6 33	6 53	6 40	6 30	6 16	6 6	5 57	5 49	5 42	5 33	5 25	5 16	5 4	4 47
,, 28	6 46	7 10	6 54	6 42	6 24	6 11	6 0	5 50	5 41	5 31	5 21	5 9	4 54	4 34
Nov. 4	6 58	7 28	7 8	6 54	6 32	6 16	6 3	5 51	5 40	5 29	5 17	5 4	4 46	4 22
,, 11	7 10	7 46	7 23	7 5	6 40	6 22	6 6	5 53	5 41	5 28	5 15	4 59	4 39	4 11
,, 18	7 22	8 4	7 37	7 17	6 48	6 27	6 10	5 56	5 42	5 28	5 12	4 55	4 33	4 1
,, 25	7 34	8 21	7 50	7 28	6 56	6 33	6 15	5 59	5 43	5 28	5 11	4 52	4 28	3 54
Dec. 2	7 44	8 36	8 2	7 37	7 3	6 39	6 19	6 2	5 46	5 30	5 12	4 52	4 26	3 49
,, 9	7 53	8 49	8 12	7 46	7 10	6 44	6 24	6 6	5 49	5 32	5 14	4 52	4 25	3 46
,, 16	8 0	8 58	8 19	7 52	7 15	6 49	6 28	6 9	5 52	5 34	5 15	4 53	4 25	3 45
,, 23	8 4	9 3	8 24	7 57	7 19	6 53	6 31	6 13	5 55	5 38	5 19	4 57	4 28	3 48
,, 30	8 5	9 4	8 25	7 59	7 22	6 55	6 34	6 16	5 59	5 41	5 22	5 1	4 33	3 53
2002 Jan. 6	8 5	9 0	8 24	7 58	7 22	6 57	6 36	6 19	6 2	5 45	5 27	5 6	4 39	4 0

Example:—To find the time of Sunrise in Jamaica (Latitude 18° N.) on Saturday, June 16th, 2001. On June 10th L.M.T. = 5h. 20m. + $\frac{2}{10}$ × 18m. = 5h. 24m., on June 17th L.M.T. = 5h. 20m. + $\frac{2}{10}$ × 19m. = 5h. 24m. therefore L.M.T. on June 16th = 5h. 24m. + $\frac{6}{7}$ × 0m. = 5h. 24m. A.M.

LOCAL MEAN TIME OF SUNSET FOR LATITUDES

60° North to 50° South

FOR ALL SUNDAYS IN 2001. (ALL TIMES ARE P.M.)

Date	NORTHERN LATITUDES									SOUTHERN LATITUDES				
	LONDON	60°	55°	50°	40°	30°	20°	10°	0°	10°	20°	30°	40°	50°
2000	H M	H M	H M	H M	H M	H M	H M	H M	H M	H M	H M	H M	H M	H M
Dec. 31	4 1	3 3	3 41	4 8	4 45	5 11	5 32	5 49	6 6	6 24	6 42	7 4	7 32	8 12
2001														
Jan. 7	4 8	3 14	3 50	4 15	4 50	5 16	5 36	5 54	6 10	6 26	6 44	7 5	7 32	8 10
,, 14	4 18	3 29	4 1	4 25	4 58	5 21	5 40	5 57	6 13	6 28	6 45	7 5	7 31	8 6
,, 21	4 29	3 45	4 14	4 35	5 6	5 27	5 45	6 0	6 15	6 29	6 45	7 4	7 27	8 0
,, 28	4 42	4 3	4 28	4 47	5 14	5 34	5 49	6 4	6 17	6 30	6 44	7 1	7 22	7 52
Feb. 4	4 55	4 21	4 43	4 59	5 22	5 39	5 54	6 6	6 18	6 30	6 42	6 57	7 15	7 41
,, 11	5 7	4 39	4 57	5 11	5 31	5 45	5 57	6 8	6 18	6 28	6 39	6 52	7 8	7 29
,, 18	5 20	4 58	5 12	5 23	5 39	5 51	6 0	6 9	6 18	6 25	6 35	6 45	6 58	7 15
,, 25	5 33	5 16	5 26	5 35	5 47	5 56	6 4	6 10	6 17	6 23	6 30	6 38	6 48	7 2
Mar. 4	5 45	5 34	5 41	5 46	5 55	6 1	6 6	6 11	6 15	6 20	6 25	6 31	6 38	6 49
,, 11	5 57	5 51	5 55	5 58	6 2	6 5	6 8	6 11	6 14	6 16	6 19	6 23	6 27	6 34
,, 18	6 9	6 8	6 9	6 9	6 9	6 10	6 10	6 11	6 12	6 12	6 13	6 15	6 16	6 19
,, 25	6 21	6 25	6 22	6 20	6 17	6 14	6 12	6 11	6 9	6 8	6 7	6 6	6 5	6 3
Apr. 1	6 32	6 42	6 36	6 31	6 24	6 18	6 14	6 11	6 7	6 4	6 1	5 57	5 53	5 47
,, 8	6 44	6 59	6 49	6 42	6 31	6 23	6 16	6 10	6 5	6 0	5 55	5 49	5 42	5 32
,, 15	6 56	7 16	7 3	6 53	6 38	6 27	6 18	6 10	6 4	5 57	5 50	5 42	5 31	5 18
,, 22	7 7	7 34	7 17	7 4	6 45	6 31	6 20	6 11	6 2	5 53	5 45	5 35	5 21	5 4
,, 29	7 18	7 51	7 30	7 14	6 52	6 36	6 22	6 11	6 1	5 50	5 40	5 28	5 12	4 52
May 6	7 30	8 8	7 44	7 25	6 59	6 40	6 25	6 12	6 0	5 48	5 36	5 22	5 4	4 40
,, 13	7 41	8 25	7 57	7 36	7 6	6 45	6 28	6 13	6 0	5 47	5 32	5 16	4 56	4 29
,, 20	7 52	8 42	8 8	7 45	7 12	6 49	6 31	6 15	6 0	5 46	5 29	5 12	4 50	4 20
,, 27	8 1	8 57	8 20	7 54	7 18	6 53	6 34	6 16	6 0	5 45	5 28	5 9	4 46	4 13
June 3	8 9	9 10	8 29	8 1	7 24	6 57	6 36	6 18	6 2	5 45	5 27	5 7	4 42	4 7
,, 10	8 15	9 20	8 37	8 7	7 28	7 0	6 39	6 20	6 3	5 46	5 28	5 7	4 41	4 4
,, 17	8 19	9 26	8 41	8 11	7 31	7 3	6 41	6 22	6 4	5 47	5 29	5 7	4 41	4 3
,, 24	8 21	9 28	8 43	8 13	7 33	7 4	6 42	6 23	6 6	5 49	5 30	5 9	4 42	4 5
July 1	8 20	9 26	8 42	8 13	7 33	7 5	6 43	6 25	6 7	5 51	5 32	5 11	4 45	4 8
,, 8	8 17	9 19	8 38	8 10	7 31	7 4	6 43	6 25	6 8	5 52	5 34	5 14	4 49	4 13
,, 15	8 11	9 8	8 31	8 4	7 28	7 3	6 43	6 25	6 9	5 54	5 37	5 17	4 54	4 20
,, 22	8 4	8 55	8 21	7 57	7 23	7 0	6 41	6 25	6 10	5 55	5 39	5 21	4 59	4 27
,, 29	7 54	8 39	8 10	7 48	7 17	6 56	6 38	6 24	6 10	5 56	5 42	5 26	5 5	4 37
Aug. 5	7 42	8 22	7 56	7 37	7 10	6 50	6 35	6 22	6 9	5 57	5 44	5 30	5 11	4 46
,, 12	7 29	8 3	7 41	7 25	7 2	6 44	6 31	6 19	6 8	5 58	5 46	5 34	5 17	4 56
,, 19	7 16	7 44	7 26	7 12	6 52	6 38	6 26	6 16	6 7	5 58	5 48	5 37	5 24	5 7
,, 26	7 1	7 23	7 9	6 58	6 42	6 30	6 21	6 13	6 5	5 58	5 50	5 41	5 30	5 17
Sept. 2	6 45	7 2	6 52	6 43	6 31	6 22	6 15	6 9	6 3	5 57	5 52	5 45	5 37	5 27
,, 9	6 29	6 41	6 34	6 28	6 20	6 14	6 9	6 4	6 0	5 57	5 53	5 49	5 44	5 37
,, 16	6 14	6 20	6 16	6 13	6 8	6 5	6 2	6 0	5 58	5 57	5 55	5 53	5 51	5 48
,, 23	5 58	5 59	5 58	5 57	5 57	5 56	5 56	5 56	5 56	5 56	5 56	5 57	5 57	5 58
,, 30	5 41	5 37	5 40	5 42	5 45	5 47	5 50	5 51	5 53	5 56	5 58	6 0	6 4	6 8
Oct. 7	5 26	5 17	5 22	5 27	5 34	5 39	5 43	5 47	5 51	5 55	6 0	6 4	6 11	6 18
,, 14	5 11	4 56	5 5	5 12	5 23	5 31	5 38	5 44	5 49	5 55	6 2	6 9	6 19	6 30
,, 21	4 55	4 36	4 48	4 58	5 13	5 24	5 33	5 40	5 48	5 55	6 4	6 14	6 26	6 42
,, 28	4 41	4 16	4 33	4 45	5 3	5 17	5 28	5 38	5 47	5 57	6 7	6 19	6 34	6 54
Nov. 4	4 29	3 58	4 18	4 33	4 55	5 11	5 24	5 36	5 47	5 59	6 11	6 25	6 42	7 6
,, 11	4 18	3 41	4 4	4 22	4 48	5 6	5 22	5 35	5 48	6 1	6 14	6 30	6 50	7 18
,, 18	4 8	3 25	3 53	4 13	4 42	5 3	5 20	5 35	5 49	6 3	6 18	6 36	6 58	7 30
,, 25	4 0	3 12	3 43	4 6	4 38	5 1	5 19	5 35	5 51	6 6	6 22	6 42	7 6	7 40
Dec. 2	3 54	3 2	3 37	4 1	4 35	5 0	5 20	5 37	5 53	6 9	6 27	6 48	7 13	7 50
,, 9	3 51	2 56	3 32	3 58	4 35	5 0	5 21	5 39	5 56	6 13	6 31	6 53	7 20	8 0
,, 16	3 51	2 53	3 32	3 58	4 36	5 2	5 23	5 42	5 59	6 16	6 35	6 57	7 25	8 6
,, 23	3 54	2 55	3 34	4 1	4 39	5 5	5 27	5 45	6 3	6 20	6 39	7 1	7 29	8 10
,, 30	4 0	3 2	3 40	4 6	4 43	5 10	5 31	5 49	6 6	6 23	6 42	7 4	7 32	8 12
2002														
Jan. 6	4 7	3 12	3 48	4 14	4 49	5 15	5 35	5 53	6 10	6 26	6 44	7 5	7 32	8 11

Example:—To find the time of Sunset in Canberra (Latitude 35.3° S.) on Saturday, July 21st, 2001. On July 15th L.M.T. = 5h. 17m. – $\frac{5\cdot3}{10}$ × 24m. = 5h. 4m., on July 22nd L.M.T. = 5h. 21m. – $\frac{5\cdot3}{10}$ × 22m. = 5h. 9m. therefore L.M.T. on July 21st = 5h. 4m. + $\frac{6}{7}$ × 5m. = 5h. 8m. P.M.

TABLES OF HOUSES FOR LONDON, Latitude 51º 32' N.

Sidereal Time.	10 ♈	11 ♉	12 ♊	Ascen ♋	2 ♌	3 ♍
H. M. S.	º	º	º	º '	º	º
0 0 0	0	9	22	26 36	12	3
0 3 40	1	10	23	27 17	13	3
0 7 20	2	11	24	27 56	14	4
0 11 0	3	12	25	28 42	15	5
0 14 41	4	13	25	29 17	15	6
0 18 21	5	14	26	29 55	16	7
0 22 2	6	15	27	0♌34	17	8
0 25 42	7	16	28	1 14	18	8
0 29 23	8	17	29	1 55	18	9
0 33 4	9	18	♋	2 33	19	10
0 36 45	10	19	1	3 14	20	11
0 40 26	11	20	1	3 54	20	12
0 44 8	12	21	2	4 33	21	13
0 47 50	13	22	3	5 12	22	14
0 51 32	14	23	4	5 52	23	15
0 55 14	15	24	5	6 30	23	15
0 58 57	16	25	6	7 9	24	16
1 2 40	17	26	6	7 50	25	17
1 6 23	18	27	7	8 30	26	18
1 10 7	19	28	8	9 9	26	19
1 13 51	20	29	9	9 48	27	19
1 17 35	21	♊	10	10 28	28	20
1 21 20	22	1	10	11 8	28	21
1 25 6	23	2	11	11 48	29	22
1 28 52	24	3	12	12 28	♍	23
1 32 38	25	4	13	13 8	1	24
1 36 25	26	5	14	13 48	1	25
1 40 12	27	6	14	14 28	2	25
1 44 0	28	7	15	15 8	3	26
1 47 48	29	8	16	15 48	4	27
1 51 37	30	9	17	16 28	4	28

Sidereal Time.	10 ♉	11 ♊	12 ♋	Ascen ♌	2 ♍	3 ♍
H. M. S.	º	º	º	º '	º	º
1 51 37	0	9	17	16 28	4	28
1 55 27	1	10	18	17 8	5	29
1 59 17	2	11	19	17 48	6	♎
2 3 8	3	12	19	18 28	7	1
2 6 59	4	13	20	19 9	8	2
2 10 51	5	14	21	19 49	9	2
2 14 44	6	15	22	20 29	9	3
2 18 37	7	16	22	21 10	10	4
2 22 31	8	17	23	21 51	11	5
2 26 25	9	18	24	22 32	11	6
2 30 20	10	19	25	23 14	12	7
2 34 16	11	20	25	23 55	13	8
2 38 13	12	21	26	24 36	14	9
2 42 10	13	22	27	25 17	15	10
2 46 8	14	23	28	25 58	15	11
2 50 7	15	24	29	26 40	16	12
2 54 7	16	25	29	27 22	17	12
2 58 7	17	26	♌	28 4	18	13
3 2 8	18	27	1	28 46	18	14
3 6 9	19	27	2	29 28	19	15
3 10 12	20	28	3	0♍12	20	16
3 14 15	21	29	3	0 54	21	17
3 18 19	22	♋	4	1 36	22	18
3 22 23	23	1	5	2 20	22	19
3 26 29	24	2	6	3 2	23	20
3 30 35	25	3	7	3 45	24	21
3 34 41	26	4	7	4 28	25	22
3 38 49	27	5	8	5 11	26	23
3 42 57	28	6	9	5 54	27	24
3 47 6	29	7	10	6 38	27	25
3 51 15	30	8	11	7 21	28	25

Sidereal Time.	10 ♊	11 ♋	12 ♌	Ascen ♍	2 ♍	3 ♎
H. M. S.	º	º	º	º '	º	º
3 51 15	0	8	11	7 21	28	25
3 55 25	1	9	12	8 5	29	26
3 59 36	2	10	12	8 49	♎	27
4 3 48	3	10	13	9 33	1	28
4 8 0	4	11	14	10 17	2	29
4 12 13	5	12	15	11 2	2	♏
4 16 26	6	13	16	11 46	3	1
4 20 40	7	14	17	12 30	4	2
4 24 55	8	15	17	13 15	5	3
4 29 10	9	16	18	14 0	6	4
4 33 26	10	17	19	14 45	7	5
4 37 42	11	18	20	15 30	8	6
4 41 59	12	19	21	16 15	8	7
4 46 16	13	20	21	17 0	9	8
4 50 34	14	21	22	17 45	10	9
4 54 52	15	22	23	18 30	11	10
4 59 10	16	23	24	19 16	12	11
5 3 29	17	24	25	20 3	13	12
5 7 49	18	25	26	20 49	14	13
5 12 9	19	25	27	21 35	14	14
5 16 29	20	26	28	22 20	15	14
5 20 49	21	27	28	23 6	16	15
5 25 9	22	28	29	23 51	17	16
5 29 30	23	29	♏	24 37	18	17
5 33 51	24	♌	1	25 23	19	18
5 38 12	25	1	2	26 9	20	19
5 42 34	26	2	3	26 55	21	20
5 46 55	27	3	4	27 41	21	21
5 51 17	28	4	4	28 27	22	22
5 55 38	29	5	5	29 13	23	23
6 0 0	30	6	6	30 0	24	24

Sidereal Time.	10 ♋	11 ♌	12 ♍	Ascen ♎	2 ♎	3 ♏
H. M. S.	º	º	º	º '	º	º
6 0 0	0	6	6	0 0	24	24
6 4 22	1	7	7	0 47	25	25
6 8 43	2	8	8	1 33	26	26
6 13 5	3	9	9	2 19	27	27
6 17 26	4	10	10	3 5	27	28
6 21 48	5	11	10	3 51	28	29
6 26 9	6	12	11	4 37	29	♐
6 30 30	7	13	12	5 23	♏	1
6 34 51	8	14	13	6 9	1	2
6 39 11	9	15	14	6 55	2	3
6 43 31	10	16	15	7 40	2	4
6 47 51	11	16	16	8 26	3	4
6 52 11	12	17	16	9 12	4	5
6 56 31	13	18	17	9 58	5	6
7 0 50	14	19	18	10 43	6	7
7 5 8	15	20	19	11 28	7	8
7 9 26	16	21	20	12 14	8	9
7 13 44	17	22	21	12 59	8	10
7 18 1	18	23	22	13 45	9	11
7 22 18	19	24	23	14 30	10	12
7 26 34	20	25	24	15 15	11	13
7 30 50	21	26	25	16 0	12	14
7 35 5	22	27	25	16 45	13	15
7 39 20	23	28	26	17 30	13	16
7 43 34	24	29	27	18 15	14	17
7 47 47	25	♍	28	18 59	15	18
7 52 0	26	1	29	19 43	16	19
7 56 12	27	2	29	20 27	17	20
8 0 24	28	3	♎	21 11	18	20
8 4 35	29	4	1	21 56	18	21
8 8 45	30	5	2	22 40	19	22

Sidereal Time.	10 ♌	11 ♍	12 ♎	Ascen ♎	2 ♏	3 ♐
H. M. S.	º	º	º	º '	º	º
8 8 45	0	5	2	22 40	19	22
8 12 54	1	5	3	23 24	20	23
8 17 3	2	6	3	24 7	21	24
8 21 11	3	7	4	24 50	22	25
8 25 19	4	8	5	25 34	23	26
8 29 26	5	9	6	26 18	23	27
8 33 31	6	10	7	27 1	24	28
8 37 37	7	11	8	27 44	25	29
8 41 41	8	12	8	28 26	26	♑
8 45 45	9	13	9	29 8	27	1
8 49 48	10	14	10	29 50	27	2
8 53 51	11	15	11	0♏32	28	3
8 57 52	12	16	12	1 15	29	4
9 1 53	13	17	12	1 58	♐	4
9 5 53	14	18	13	2 39	1	5
9 9 53	15	18	14	3 21	1	6
9 13 52	16	19	15	4 3	2	7
9 17 50	17	20	16	4 44	3	8
9 21 47	18	21	16	5 26	3	9
9 25 44	19	22	17	6 7	4	10
9 29 40	20	23	18	6 48	5	11
9 33 35	21	24	18	7 29	5	12
9 37 29	22	25	19	8 9	6	13
9 41 23	23	26	20	8 50	7	14
9 45 16	24	27	21	9 31	8	15
9 49 9	25	28	22	10 11	9	16
9 53 1	26	28	23	10 51	9	17
9 56 52	27	29	23	11 32	10	18
10 0 43	28	♎	24	12 12	11	19
10 4 33	29	1	25	12 53	12	20
10 8 23	30	2	26	13 33	13	20

Sidereal Time.	10 ♍	11 ♎	12 ♎	Ascen ♏	2 ♐	3 ♑
H. M. S.	º	º	º	º '	º	º
10 8 23	0	2	26	13 33	13	20
10 12 12	1	3	26	14 13	14	21
10 16 0	2	4	27	14 53	15	22
10 19 48	3	5	28	15 33	15	23
10 23 35	4	5	29	16 13	16	24
10 27 22	5	6	29	16 52	17	25
10 31 8	6	7	♏	17 32	18	26
10 34 54	7	8	1	18 12	19	27
10 38 40	8	9	2	18 52	20	28
10 42 25	9	10	2	19 31	20	29
10 46 9	10	11	3	20 11	21	♒
10 49 53	11	11	4	20 50	22	1
10 53 37	12	12	4	21 30	23	2
10 57 20	13	13	5	22 9	24	3
11 1 3	14	14	6	22 49	24	4
11 4 46	15	15	7	23 28	25	5
11 8 28	16	16	7	24 8	26	6
11 12 10	17	17	8	24 47	27	8
11 15 52	18	17	9	25 27	28	9
11 19 34	19	18	10	26 6	29	10
11 23 15	20	19	10	26 45	♑	11
11 26 56	21	20	11	27 25	0	12
11 30 37	22	21	12	28 5	1	13
11 34 18	23	22	13	28 44	2	14
11 37 58	24	23	13	29 24	3	15
11 41 39	25	23	14	0♐3	4	16
11 45 19	26	24	15	0 43	5	17
11 49 0	27	25	15	1 23	6	18
11 52 40	28	26	16	2 3	6	19
11 56 20	29	27	17	2 43	7	20
12 0 0	30	27	17	3 23	8	21

TABLES OF HOUSES FOR LONDON, Latitude 51° 32' *N.*

Sidereal Time.	10 ♎	11 ♎	12 ♏	Ascen ♐	2 ♑	3 ♒
H. M. S.	°	°	°	° '	°	°
12 0 0	0	27	17	3 23	8	21
12 3 40	1	28	18	4 4	9	23
12 7 20	2	29	19	4 45	10	24
12 11 0	3	♏	20	5 26	11	25
12 14 41	4	1	20	6 7	12	26
12 18 21	5	1	21	6 48	13	27
12 22 2	6	2	22	7 29	14	28
12 25 42	7	3	23	8 10	15	29
12 29 23	8	4	23	8 51	16	♓
12 33 4	9	5	24	9 33	17	2
12 36 45	10	6	25	10 15	18	3
12 40 26	11	6	25	10 57	19	4
12 44 8	12	7	26	11 40	20	5
12 47 50	13	8	27	12 22	21	6
12 51 32	14	9	28	13 4	22	7
12 55 14	15	10	28	13 47	23	9
12 58 57	16	11	29	14 30	24	10
13 2 40	17	11	♐	15 14	25	11
13 6 23	18	12	1	15 59	26	12
13 10 7	19	13	1	16 44	27	13
13 13 51	20	14	2	17 29	28	15
13 17 35	21	15	3	18 14	29	16
13 21 20	22	16	4	19 0	♒	17
13 25 6	23	16	4	19 45	1	18
13 28 52	24	17	5	20 31	2	20
13 32 38	25	18	6	21 18	4	21
13 36 25	26	19	7	22 6	5	22
13 40 12	27	20	7	22 54	6	23
13 44 0	28	21	8	23 42	7	25
13 47 48	29	21	9	24 31	8	26
13 51 37	30	22	10	25 20	10	27

Sidereal Time.	10 ♏	11 ♏	12 ♐	Ascen ♐	2 ♒	3 ♓
H. M. S.	°	°	°	° '	°	°
13 51 37	0	22	10	25 20	10	27
13 55 27	1	23	11	26 10	11	28
13 59 17	2	24	11	27 2	12	♈
14 3 8	3	25	12	27 53	14	1
14 6 59	4	26	13	28 45	15	2
14 10 51	5	26	14	29 36	16	4
14 14 44	6	27	15	0♑29	18	5
14 18 37	7	28	15	1 23	19	6
14 22 31	8	29	16	2 18	20	8
14 26 25	9	♐	17	3 14	22	9
14 30 20	10	1	18	4 11	23	10
14 34 16	11	2	19	5 9	25	11
14 38 13	12	2	20	6 7	26	13
14 42 10	13	3	20	7 6	28	14
14 46 8	14	4	21	8 6	29	15
14 50 7	15	5	22	9 8	♓	17
14 54 7	16	6	23	10 11	2	18
14 58 7	17	7	24	11 15	4	19
15 2 8	18	8	25	12 20	6	21
15 6 9	19	9	26	13 27	8	22
15 10 12	20	9	27	14 35	9	23
15 14 15	21	10	27	15 43	11	24
15 18 19	22	11	28	16 52	13	26
15 22 23	23	12	29	18 3	14	27
15 26 29	24	13	♑	19 16	16	28
15 30 35	25	14	1	20 32	17	29
15 34 41	26	15	2	21 48	19	♉
15 38 49	27	16	3	23 8	21	2
15 42 57	28	17	4	24 29	22	3
15 47 6	29	18	5	25 51	24	5
15 51 15	30	18	6	27 15	26	6

Sidereal Time.	10 ♐	11 ♐	12 ♑	Ascen ♑	2 ♓	3 ♉
H. M. S.	°	°	°	° '	°	°
15 51 15	0	18	6	27 15	26	6
15 55 25	1	19	7	28 42	28	7
15 59 36	2	20	8	0♒11	♈	9
16 3 48	3	21	9	1 42	2	10
16 8 0	4	22	10	3 16	3	11
16 12 13	5	23	11	4 53	5	12
16 16 26	6	24	12	6 32	7	14
16 20 40	7	25	13	8 13	9	15
16 24 55	8	26	14	9 57	11	16
16 29 10	9	27	16	11 44	12	17
16 33 26	10	28	17	13 34	14	18
16 37 42	11	29	18	15 26	16	20
16 41 59	12	♑	19	17 20	18	21
16 46 16	13	1	20	19 18	20	22
16 50 34	14	2	21	21 22	21	23
16 54 52	15	3	22	23 29	23	25
16 59 10	16	4	24	25 36	25	26
17 3 29	17	5	25	27 46	27	27
17 7 49	18	6	26	0♓0	28	28
17 12 9	19	7	27	2 19	♉	29
17 16 29	20	8	29	4 40	2	♊
17 20 49	21	9	♒	7 2	3	1
17 25 9	22	10	1	9 26	5	2
17 29 30	23	11	3	11 54	7	3
17 33 51	24	12	4	14 24	8	5
17 38 12	25	13	5	17 0	10	6
17 42 34	26	14	7	19 33	11	7
17 46 55	27	15	8	22 6	13	8
17 51 17	28	16	10	24 40	14	9
17 55 38	29	17	11	27 20	16	10
18 0 0	30	18	13	30 0	17	11

Sidereal Time.	10 ♑	11 ♑	12 ♒	Ascen ♈	2 ♉	3 ♊
H. M. S.	°	°	°	° '	°	°
18 0 0	0	18	13	0 0	17	11
18 4 22	1	20	14	2 39	19	13
18 8 43	2	21	16	5 19	20	14
18 13 5	3	22	17	7 55	22	15
18 17 26	4	23	19	10 29	23	16
18 21 48	5	24	20	13 2	25	17
18 26 9	6	25	22	15 36	26	18
18 30 30	7	26	23	18 6	28	19
18 34 51	8	27	25	20 34	29	20
18 39 11	9	29	27	22 59	♊	21
18 43 31	10	♒	28	25 22	1	22
18 47 51	11	1	♓	27 42	2	23
18 52 11	12	2	2	29 58	4	24
18 56 31	13	3	3	2♉13	5	25
19 0 50	14	4	5	4 24	6	26
19 5 8	15	6	7	6 30	8	27
19 9 26	16	7	9	8 36	9	28
19 13 44	17	8	10	10 40	10	29
19 18 1	18	9	12	12 39	11	♋
19 22 18	19	10	14	14 35	12	1
19 26 34	20	12	16	16 28	13	2
19 30 50	21	13	18	18 17	14	3
19 35 5	22	14	19	20 3	16	4
19 39 20	23	15	21	21 48	17	5
19 43 34	24	16	23	23 29	18	6
19 47 47	25	18	25	25 9	19	7
19 52 0	26	19	27	26 45	20	8
19 56 12	27	20	28	28 18	21	9
20 0 24	28	21	♈	29 49	22	10
20 4 35	29	23	2	1♊19	23	11
20 8 45	30	24	4	2 45	24	12

Sidereal Time.	10 ♒	11 ♒	12 ♈	Ascen ♊	2 ♊	3 ♋
H. M. S.	°	°	°	° '	°	°
20 8 45	0	24	4	2 45	24	12
20 12 54	1	25	6	4 9	25	12
20 17 3	2	27	7	5 32	26	13
20 21 11	3	28	9	6 53	27	14
20 25 19	4	29	11	8 12	28	15
20 29 26	5	♓	13	9 27	29	16
20 33 31	6	2	14	10 43	♋	17
20 37 37	7	3	16	11 58	1	18
20 41 41	8	4	18	13 9	2	19
20 45 45	9	6	19	14 18	3	20
20 49 48	10	7	21	15 25	3	21
20 53 51	11	8	23	16 32	4	21
20 57 52	12	9	24	17 39	5	22
21 1 53	13	11	26	18 44	6	23
21 5 53	14	12	28	19 48	7	24
21 9 53	15	13	29	20 51	8	25
21 13 52	16	15	♉	21 53	9	26
21 17 50	17	16	2	22 53	10	27
21 21 47	18	17	4	23 52	10	28
21 25 44	19	19	5	24 51	11	28
21 29 40	20	20	7	25 48	12	29
21 33 35	21	22	8	26 44	13	♌
21 37 29	22	23	10	27 40	14	1
21 41 23	23	24	11	28 34	15	2
21 45 16	24	25	13	29 29	15	3
21 49 9	25	26	14	0♋22	16	4
21 53 1	26	28	15	1 15	17	4
21 56 52	27	29	16	2 7	18	5
22 0 43	28	♈	18	2 57	19	6
22 4 33	29	2	19	3 48	19	7
22 8 23	30	3	20	4 38	20	8

Sidereal Time.	10 ♓	11 ♈	12 ♉	Ascen ♋	2 ♋	3 ♌
H. M. S.	°	°	°	° '	°	°
22 8 23	0	3	20	4 38	20	8
22 12 12	1	4	21	5 28	21	8
22 16 0	2	6	23	6 17	22	9
22 19 48	3	7	24	7 5	23	10
22 23 35	4	8	25	7 53	23	11
22 27 22	5	9	26	8 42	24	12
22 31 8	6	10	28	9 29	25	13
22 34 54	7	12	29	10 16	26	14
22 38 40	8	13	♊	11 2	26	14
22 42 25	9	14	1	11 47	27	15
22 46 9	10	15	2	12 31	28	16
22 49 53	11	17	3	13 16	29	17
22 53 37	12	18	4	14 1	29	18
22 57 20	13	19	5	14 45	♌	19
23 1 3	14	20	6	15 28	1	19
23 4 46	15	21	7	16 11	2	20
23 8 28	16	23	8	16 54	2	21
23 12 10	17	24	9	17 37	3	22
23 15 52	18	25	10	18 20	4	23
23 19 34	19	26	11	19 3	5	24
23 23 15	20	27	12	19 45	5	24
23 26 56	21	29	13	20 26	6	25
23 30 37	22	♉	14	21 8	7	26
23 34 18	23	1	15	21 50	7	27
23 37 58	24	2	16	22 31	8	28
23 41 39	25	3	17	23 12	9	28
23 45 19	26	4	18	23 53	9	29
23 49 0	27	5	19	24 32	10	♍
23 52 40	28	6	20	25 15	11	1
23 56 20	29	8	21	25 56	12	2
24 0 0	30	9	22	26 36	13	3

TABLES OF HOUSES FOR LIVERPOOL, Latitude 53° 25' *N.*

Sidereal Time.	10 ♈	11 ♉	12 ♊	Ascen ♋	2 ♌	3 ♍
H. M. S.	°	°	°	° '	°	°
0 0 0	0	9	24	28 12	14	3
0 3 40	1	10	25	28 51	14	4
0 7 20	2	12	25	29 30	15	4
0 11 0	3	13	26	0♌ 9	16	5
0 14 41	4	14	27	0 48	17	6
0 18 21	5	15	28	1 27	17	7
0 22 2	6	16	29	2 6	18	8
0 25 42	7	17	♋	2 44	19	9
0 29 23	8	18	1	3 22	19	10
0 33 4	9	19	1	4 1	20	10
0 36 45	10	20	2	4 39	21	11
0 40 26	11	21	3	5 18	22	12
0 44 8	12	22	4	5 56	22	13
0 47 50	13	23	5	6 34	23	14
0 51 32	14	24	6	7 13	24	14
0 55 14	15	25	6	7 51	24	15
0 58 57	16	26	7	8 30	25	16
1 2 40	17	27	8	9 8	26	17
1 6 23	18	28	9	9 47	26	18
1 10 7	19	29	10	10 25	27	19
1 13 51	20	♊	11	11 4	28	19
1 17 35	21	1	11	11 43	28	20
1 21 20	22	2	12	12 21	29	21
1 25 6	23	3	13	13 0	♍	22
1 28 52	24	4	14	13 39	1	23
1 32 38	25	5	15	14 17	1	24
1 36 25	26	6	15	14 56	2	25
1 40 12	27	7	16	15 35	3	25
1 44 0	28	8	17	16 14	3	26
1 47 48	29	9	18	16 53	4	27
1 51 37	30	10	18	17 32	5	28

Sidereal Time.	10 ♉	11 ♊	12 ♋	Ascen ♌	2 ♍	3 ♍
H. M. S.	°	°	°	° '	°	°
1 51 37	0	10	18	17 32	5	28
1 55 27	1	11	19	18 11	6	29
1 59 17	2	12	20	18 51	6	♎
2 3 8	3	13	21	19 30	7	1
2 6 59	4	14	22	20 9	8	2
2 10 51	5	15	22	20 49	9	2
2 14 44	6	16	23	21 28	9	3
2 18 37	7	17	24	22 8	10	4
2 22 31	8	18	25	22 48	11	5
2 26 25	9	19	25	23 28	12	6
2 30 20	10	20	26	24 8	12	7
2 34 16	11	21	27	24 48	13	8
2 38 13	12	22	28	25 28	14	9
2 42 10	13	23	29	26 8	15	10
2 46 8	14	24	29	26 49	15	10
2 50 7	15	25	♌	27 29	16	11
2 54 7	16	26	1	28 10	17	12
2 58 7	17	27	2	28 51	18	13
3 2 8	18	28	2	29 32	19	14
3 6 9	19	29	3	0♍13	19	15
3 10 12	20	29	4	0 54	20	16
3 14 15	21	♋	5	1 36	21	17
3 18 19	22	1	5	2 17	22	18
3 22 23	23	2	6	2 59	23	19
3 26 29	24	3	7	3 41	23	20
3 30 35	25	4	8	4 23	24	21
3 34 41	26	5	9	5 5	25	22
3 38 49	27	6	10	5 47	26	22
3 42 57	28	7	10	6 29	27	23
3 47 6	29	8	11	7 12	27	24
3 51 15	30	9	12	7 55	28	25

Sidereal Time.	10 ♊	11 ♋	12 ♌	Ascen ♍	2 ♍	3 ♎
H. M. S.	°	°	°	° '	°	°
3 51 15	0	9	12	7 55	28	25
3 55 25	1	10	13	8 37	29	26
3 59 36	2	11	13	9 20	♎	27
4 3 48	3	12	14	10 3	1	28
4 8 0	4	12	15	10 46	2	29
4 12 13	5	13	16	11 30	2	♏
4 16 26	6	14	17	12 13	3	1
4 20 40	7	15	18	12 56	4	2
4 24 55	8	16	18	13 40	5	3
4 29 10	9	17	19	14 24	6	4
4 33 26	10	18	20	15 8	7	5
4 37 42	11	19	21	15 52	7	6
4 41 59	12	20	21	16 36	8	6
4 46 16	13	21	22	17 20	9	7
4 50 34	14	22	23	18 4	10	8
4 54 52	15	23	24	18 48	11	9
4 59 10	16	24	25	19 32	12	10
5 3 29	17	24	26	20 17	12	11
5 7 49	18	25	26	21 1	13	12
5 12 9	19	26	27	21 46	14	13
5 16 29	20	27	28	22 31	15	14
5 20 49	21	28	29	23 16	16	15
5 25 9	22	29	♍	24 0	17	16
5 29 30	23	♌	1	24 45	18	17
5 33 51	24	1	1	25 30	18	18
5 38 12	25	2	2	26 15	19	19
5 42 34	26	3	3	27 0	20	20
5 46 55	27	4	4	27 45	21	21
5 51 17	28	5	5	28 30	22	21
5 55 38	29	6	6	29 15	23	22
6 0 0	30	7	7	30 0	23	23

Sidereal Time.	10 ♋	11 ♌	12 ♍	Ascen ♎	2 ♎	3 ♏
H. M. S.	°	°	°	° '	°	°
6 0 0	0	7	7	0 0	23	23
6 4 22	1	8	7	0 45	24	24
6 8 43	2	9	8	1 30	25	25
6 13 5	3	9	9	2 15	26	26
6 17 26	4	10	10	3 0	27	27
6 21 48	5	11	11	3 45	28	28
6 26 9	6	12	12	4 30	29	29
6 30 30	7	13	12	5 15	29	♐
6 34 51	8	14	13	6 0	♏	1
6 39 11	9	15	14	6 44	1	2
6 43 31	10	16	15	7 29	2	3
6 47 51	11	17	16	8 14	3	4
6 52 11	12	18	17	8 59	4	5
6 56 31	13	19	18	9 43	4	6
7 0 50	14	20	18	10 27	5	6
7 5 8	15	21	19	11 11	6	7
7 9 26	16	22	20	11 56	7	8
7 13 44	17	23	21	12 40	8	9
7 18 1	18	24	22	13 24	8	10
7 22 18	19	24	23	14 8	9	11
7 26 34	20	25	23	14 52	10	12
7 30 50	21	26	24	15 36	11	13
7 35 5	22	27	25	16 20	12	14
7 39 20	23	28	26	17 4	13	15
7 43 34	24	29	27	17 47	13	16
7 47 47	25	♍	28	18 30	14	17
7 52 0	26	1	28	19 13	15	18
7 56 12	27	2	29	19 57	16	18
8 0 24	28	3	♎	20 40	17	19
8 4 35	29	4	1	21 23	17	20
8 8 45	30	5	2	22 5	18	21

Sidereal Time.	10 ♌	11 ♍	12 ♎	Ascen ♎	2 ♏	3 ♐
H. M. S.	°	°	°	° '	°	°
8 8 45	0	5	2	22 5	18	21
8 12 54	1	6	2	22 48	19	22
8 17 3	2	7	3	23 30	20	23
8 21 11	3	8	4	24 13	20	24
8 25 19	4	8	5	24 55	21	25
8 29 26	5	9	6	25 37	22	26
8 33 31	6	10	7	26 19	23	27
8 37 37	7	11	7	27 1	24	28
8 41 41	8	12	8	27 43	25	29
8 45 45	9	13	9	28 24	25	♑
8 49 48	10	14	10	29 6	26	1
8 53 51	11	15	11	29 47	27	1
8 57 52	12	16	11	0♏28	28	2
9 1 53	13	17	12	1 9	28	3
9 5 53	14	18	13	1 50	29	4
9 9 53	15	19	14	2 31	♐	5
9 13 52	16	19	15	3 11	1	6
9 17 50	17	20	15	3 52	1	7
9 21 47	18	21	16	4 32	2	8
9 25 44	19	22	17	5 12	3	9
9 29 40	20	23	18	5 52	4	10
9 33 35	21	24	18	6 32	5	11
9 37 29	22	25	19	7 12	5	12
9 41 23	23	26	20	7 52	6	13
9 45 16	24	27	21	8 32	7	14
9 49 9	25	27	21	9 12	8	15
9 53 1	26	28	22	9 51	8	16
9 56 52	27	29	23	10 30	9	17
10 0 43	28	♎	24	11 9	10	17
10 4 33	29	1	24	11 49	11	18
10 8 23	30	2	25	12 28	11	19

Sidereal Time.	10 ♍	11 ♎	12 ♎	Ascen ♏	2 ♐	3 ♑
H. M. S.	°	°	°	° '	°	°
10 8 23	0	2	25	12 28	11	19
10 12 12	1	3	26	13 6	12	20
10 16 0	2	4	27	13 45	13	21
10 19 48	3	4	27	14 25	14	22
10 23 35	4	5	28	15 4	15	23
10 27 22	5	6	29	15 42	15	24
10 31 8	6	7	29	16 21	16	25
10 34 54	7	8	♏	17 0	17	26
10 38 40	8	9	1	17 39	18	27
10 42 25	9	10	2	18 17	18	28
10 46 9	10	10	2	18 55	19	29
10 49 53	11	11	3	19 34	20	♒
10 53 37	12	12	4	20 13	21	1
10 57 20	13	13	4	20 52	22	2
11 1 3	14	14	5	21 30	22	3
11 4 46	15	15	6	22 8	23	5
11 8 28	16	16	7	22 46	24	6
11 12 10	17	16	7	23 25	25	7
11 15 52	18	17	8	24 4	26	8
11 19 34	19	18	9	24 42	26	9
11 23 15	20	19	9	25 21	27	10
11 26 56	21	20	10	25 59	28	11
11 30 37	22	20	11	26 38	29	12
11 34 18	23	21	12	27 16	♑	13
11 37 58	24	22	12	27 54	1	14
11 41 39	25	23	13	28 33	1	15
11 45 19	26	24	14	29 11	2	16
11 49 0	27	25	14	29 50	3	17
11 52 40	28	26	15	0♐30	4	18
11 56 20	29	26	16	1 9	5	20
12 0 0	30	27	16	1 48	6	21

TABLES OF HOUSES FOR LIVERPOOL, *Latitude* 53° 25′ N.

Sidereal Time.	10 ♎	11 ♎	12 ♏	Ascen ♐	2 ♑	3 ♒
H. M. S.	°	°	°	° ′	°	°
12 0 0	0	27	16	1 48	6	21
12 3 40	1	28	17	2 27	7	22
12 7 20	2	29	18	3 6	8	23
12 11 0	3	♏	18	3 46	9	24
12 14 41	4	0	19	4 25	10	25
12 18 21	5	1	20	5 6	10	26
12 22 2	6	2	21	5 46	11	28
12 25 42	7	3	21	6 26	12	29
12 29 23	8	4	22	7 6	13	♓
12 33 4	9	4	23	7 46	14	1
12 36 45	10	5	24	8 27	15	2
12 40 26	11	6	24	9 8	16	3
12 44 8	12	7	25	9 49	17	5
12 47 50	13	8	26	10 30	18	6
12 51 32	14	9	26	11 12	19	7
12 55 14	15	9	27	11 54	20	8
12 58 57	16	10	28	12 36	21	10
13 2 40	17	11	28	13 19	22	11
13 6 23	18	12	29	14 2	23	12
13 10 7	19	13	♐	14 45	25	13
13 13 51	20	13	1	15 28	26	15
13 17 35	21	14	1	16 12	27	16
13 21 20	22	15	2	16 56	28	17
13 25 6	23	16	3	17 41	29	18
13 28 52	24	17	4	18 26	♒	19
13 32 38	25	17	4	19 11	1	21
13 36 25	26	18	5	19 57	3	22
13 40 12	27	19	6	20 44	4	23
13 44 0	28	20	7	21 31	5	24
13 47 48	29	21	7	22 18	7	26
13 51 37	30	21	8	23 6	8	27

Sidereal Time.	10 ♏	11 ♏	12 ♐	Ascen ♐	2 ♒	3 ♓
H. M. S.	°	°	°	° ′	°	°
13 51 37	0	21	8	23 6	8	27
13 55 27	1	22	9	23 55	9	28
13 59 17	2	23	10	24 43	10	♈
14 3 8	3	24	10	25 33	12	1
14 6 59	4	25	11	26 23	13	2
14 10 51	5	26	12	27 14	15	4
14 14 44	6	26	13	28 6	16	5
14 18 37	7	27	13	28 59	18	6
14 22 31	8	28	14	29 52	19	8
14 26 25	9	29	15	0♑46	20	9
14 30 20	10	♐	16	1 41	22	10
14 34 16	11	1	17	2 36	23	11
14 38 13	12	2	18	3 33	25	13
14 42 10	13	2	18	4 30	26	14
14 46 8	14	3	19	5 29	28	16
14 50 7	15	4	20	6 29	♓	17
14 54 7	16	5	21	7 30	1	18
14 58 7	17	6	22	8 32	3	20
15 2 8	18	7	23	9 35	5	21
15 6 9	19	8	24	10 39	6	22
15 10 12	20	8	24	11 45	8	23
15 14 15	21	9	25	12 52	10	25
15 18 19	22	10	26	14 1	11	26
15 22 23	23	11	27	15 11	13	27
15 26 29	24	12	28	16 23	15	29
15 30 35	25	13	29	17 37	17	♉
15 34 41	26	14	♑	18 53	19	1
15 38 49	27	15	1	20 10	21	3
15 42 57	28	16	2	21 29	22	4
15 47 6	29	16	3	22 51	24	5
15 51 15	30	17	4	24 15	26	7

Sidereal Time.	10 ♐	11 ♐	12 ♑	Ascen ♑	2 ♓	3 ♉
H. M. S.	°	°	°	° ′	°	°
15 51 15	0	17	4	24 15	26	7
15 55 25	1	18	5	25 41	28	8
15 59 36	2	19	6	27 10	♈	9
16 3 48	3	20	7	28 41	2	10
16 8 0	4	21	8	0♒14	4	12
16 12 13	5	22	9	1 50	5	13
16 16 26	6	23	10	3 30	7	14
16 20 40	7	24	11	5 13	9	15
16 24 55	8	25	12	6 58	11	17
16 29 10	9	26	13	8 46	13	18
16 33 26	10	27	14	10 38	15	19
16 37 42	11	28	15	12 32	17	20
16 41 59	12	29	16	14 31	19	22
16 46 16	13	♑	18	16 33	20	23
16 50 34	14	1	19	18 40	22	24
16 54 52	15	2	20	20 50	24	25
16 59 10	16	3	21	23 4	26	26
17 3 29	17	4	22	25 21	28	28
17 7 49	18	5	24	27 42	29	29
17 12 9	19	6	25	0♓8	♉	♊
17 16 29	20	7	26	2 37	3	1
17 20 49	21	8	28	5 10	5	3
17 25 9	22	9	29	7 46	6	4
17 29 30	23	10	♒	10 24	8	5
17 33 51	24	11	2	13 7	10	6
17 38 12	25	12	3	15 52	11	7
17 42 34	26	13	4	18 38	13	8
17 46 55	27	14	6	21 27	15	9
17 51 17	28	15	7	24 17	16	10
17 55 38	29	16	9	27 8	18	12
18 0 0	30	17	11	30 0	19	13

Sidereal Time.	10 ♑	11 ♑	12 ♒	Ascen ♈	2 ♉	3 ♊
H. M. S.	°	°	°	° ′	°	°
18 0 0	0	17	11	0 0	19	13
18 4 22	1	18	12	2 52	21	14
18 8 43	2	20	14	5 43	23	15
18 13 5	3	21	15	8 33	24	16
18 17 26	4	22	17	11 22	25	17
18 21 48	5	23	19	14 8	27	18
18 26 9	6	24	20	16 53	28	19
18 30 30	7	25	22	19 36	♊	20
18 34 51	8	26	24	22 14	1	21
18 39 11	9	27	25	24 50	2	22
18 43 31	10	29	27	27 23	4	23
18 47 51	11	♒	28	29 52	5	24
18 52 11	12	1	♓	2♉18	6	25
18 56 31	13	2	2	4 39	8	26
19 0 50	14	4	4	6 56	9	27
19 5 8	15	5	6	9 10	10	28
19 9 26	16	6	8	11 20	11	29
19 13 44	17	7	10	13 27	12	♋
19 18 1	18	8	11	15 29	14	1
19 22 18	19	9	13	17 28	15	2
19 26 34	20	11	15	19 22	16	3
19 30 50	21	12	17	21 14	17	4
19 35 5	22	13	19	23 2	18	5
19 39 20	23	15	21	24 47	19	6
19 43 34	24	16	23	26 30	20	7
19 47 47	25	17	25	28 10	21	8
19 52 0	26	18	26	29 46	22	9
19 56 12	27	20	28	1♊19	23	10
20 0 24	28	21	♈	2 50	24	11
20 4 35	29	22	2	4 19	25	12
20 8 45	30	23	4	5 45	26	13

Sidereal Time.	10 ♒	11 ♒	12 ♈	Ascen ♊	2 ♊	3 ♋
H. M. S.	°	°	°	° ′	°	°
20 8 45	0	23	4	5 45	26	13
20 12 54	1	25	6	7 9	27	14
20 17 3	2	26	8	8 31	28	14
20 21 11	3	27	9	9 50	29	15
20 25 19	4	29	11	11 7	♋	16
20 29 26	5	♓	13	12 23	1	17
20 33 31	6	1	15	13 37	2	18
20 37 37	7	3	17	14 49	3	19
20 41 41	8	4	19	15 59	4	20
20 45 45	9	5	20	17 8	5	21
20 49 48	10	7	22	18 15	6	22
20 53 51	11	8	24	19 21	7	22
20 57 52	12	10	25	20 25	7	23
21 1 53	13	11	27	21 28	8	24
21 5 53	14	12	29	22 30	9	25
21 9 53	15	13	♉	23 31	10	26
21 13 52	16	14	2	24 31	11	27
21 17 50	17	16	4	25 30	12	28
21 21 47	18	17	5	26 27	12	28
21 25 44	19	18	7	27 24	13	29
21 29 40	20	20	8	28 19	14	♌
21 33 35	21	21	10	29 14	15	1
21 37 29	22	22	11	0♋8	16	2
21 41 23	23	24	12	1 1	17	3
21 45 16	24	25	14	1 54	17	4
21 49 9	25	26	15	2 46	18	4
21 53 1	26	28	17	3 37	19	5
21 56 52	27	29	18	4 27	20	6
22 0 43	28	♈	20	5 17	20	7
22 4 33	29	2	21	6 5	21	8
22 8 23	30	3	22	6 54	22	8

Sidereal Time.	10 ♓	11 ♈	12 ♉	Ascen ♋	2 ♋	3 ♌
H. M. S.	°	°	°	° ′	°	°
22 8 23	0	3	22	6 54	22	8
22 12 12	1	4	23	7 42	23	9
22 16 0	2	5	25	8 29	23	10
22 19 48	3	7	26	9 16	24	11
22 23 35	4	8	27	10 3	25	12
22 27 22	5	9	29	10 49	26	13
22 31 8	6	11	♊	11 34	26	13
22 34 54	7	12	1	12 19	27	14
22 38 40	8	13	2	13 3	28	15
22 42 25	9	14	3	13 48	29	16
22 46 9	10	16	4	14 32	29	17
22 49 53	11	17	5	15 15	♌	17
22 53 37	12	18	7	15 58	1	18
22 57 20	13	19	8	16 41	2	19
23 1 3	14	20	9	17 24	2	20
23 4 46	15	22	10	18 6	3	21
23 8 28	16	23	11	18 48	4	21
23 12 10	17	24	12	19 30	4	22
23 15 52	18	25	13	20 11	5	23
23 19 34	19	27	14	20 52	6	24
23 23 15	20	28	15	21 33	6	25
23 26 56	21	29	16	22 14	7	26
23 30 37	22	♉	17	22 54	8	26
23 34 18	23	1	18	23 34	9	27
23 37 58	24	2	19	24 14	9	28
23 41 39	25	4	20	24 54	10	29
23 45 19	26	5	21	25 35	11	♍
23 49 0	27	6	22	26 14	11	0
23 52 40	28	7	22	26 54	12	1
23 56 20	29	8	23	27 33	13	2
24 0 0	30	9	24	28 12	14	3

TABLES OF HOUSES FOR NEW YORK, Latitude 40º 43' *N.*

Sidereal Time.	10 ♈	11 ♉	12 ♊	Ascen ♋		2 ♌	3 ♍
H. M. S.	º	º	º	º	'	º	º
0 0 0	0	6	15	18	53	8	1
0 3 40	1	7	16	19	38	9	2
0 7 20	2	8	17	20	23	10	3
0 11 0	3	9	18	21	12	11	4
0 14 41	4	11	19	21	55	12	5
0 18 21	5	12	20	22	40	12	5
0 22 2	6	13	21	23	24	13	6
0 25 42	7	14	22	24	8	14	7
0 29 23	8	15	23	24	54	15	8
0 33 4	9	16	23	25	37	15	9
0 36 45	10	17	24	26	22	16	10
0 40 26	11	18	25	27	5	17	11
0 44 8	12	19	26	27	50	18	12
0 47 50	13	20	27	28	33	19	13
0 51 32	14	21	28	29	18	19	13
0 55 14	15	22	28	0♌	3	20	14
0 58 57	16	23	29	0	46	21	15
1 2 40	17	24	♋	1	31	22	16
1 6 23	18	25	1	2	14	22	17
1 10 7	19	26	2	2	58	23	18
1 13 51	20	27	3	3	43	24	19
1 17 35	21	28	3	4	27	25	20
1 21 20	22	29	4	5	12	25	21
1 25 6	23	♊	5	5	56	26	22
1 28 52	24	1	6	6	40	27	22
1 32 38	25	2	7	7	25	28	23
1 36 25	26	2	8	8	9	29	24
1 40 12	27	3	9	8	53	♍	25
1 44 0	28	4	10	9	38	1	26
1 47 48	29	5	10	10	24	1	27
1 51 37	30	6	11	11	8	2	28

Sidereal Time.	10 ♉	11 ♊	12 ♋	Ascen ♌		2 ♍	3 ♍
H. M. S.	º	º	º	º	'	º	º
1 51 37	0	6	11	11	8	2	28
1 55 27	1	7	12	11	53	3	29
1 59 17	2	8	13	12	38	4	♎
2 3 8	3	9	14	13	22	5	1
2 6 59	4	10	15	14	8	5	2
2 10 51	5	11	15	14	53	6	3
2 14 44	6	12	16	15	39	7	4
2 18 37	7	13	17	16	24	8	4
2 22 31	8	14	18	17	10	9	5
2 26 25	9	15	19	17	56	10	6
2 30 20	10	16	20	18	41	10	7
2 34 16	11	17	20	19	27	11	8
2 38 13	12	18	21	20	14	12	9
2 42 10	13	19	22	21	0	13	10
2 46 8	14	19	23	21	47	14	11
2 50 7	15	20	24	22	33	15	12
2 54 7	16	21	25	23	20	16	13
2 58 7	17	22	25	24	7	17	14
3 2 8	18	23	26	24	54	17	15
3 6 9	19	24	27	25	42	18	16
3 10 12	20	25	28	26	29	19	17
3 14 15	21	26	29	27	17	20	18
3 18 19	22	27	♌	28	4	21	19
3 22 23	23	28	1	28	52	22	20
3 26 29	24	29	1	29	40	23	21
3 30 35	25	♋	2	0♍	29	24	22
3 34 41	26	1	3	1	17	24	23
3 38 49	27	2	4	2	6	25	24
3 42 57	28	3	5	2	55	26	25
3 47 6	29	4	6	3	43	27	26
3 51 15	30	5	7	4	32	28	27

Sidereal Time.	10 ♊	11 ♋	12 ♌	Ascen ♍		2 ♍	3 ♎
H. M. S.	º	º	º	º	'	º	º
3 51 15	0	5	7	4	32	28	27
3 55 25	1	6	8	5	22	29	28
3 59 36	2	6	8	6	10	♎	29
4 3 48	3	7	9	7	0	1	♏
4 8 0	4	8	10	7	49	2	1
4 12 13	5	9	11	8	40	3	2
4 16 26	6	10	12	9	30	4	3
4 20 40	7	11	13	10	19	4	4
4 24 55	8	12	14	11	10	5	5
4 29 10	9	13	15	12	0	6	6
4 33 26	10	14	16	12	51	7	7
4 37 42	11	15	16	13	41	8	8
4 41 59	12	16	17	14	32	9	9
4 46 16	13	17	18	15	23	10	10
4 50 34	14	18	19	16	14	11	11
4 54 52	15	19	20	17	5	12	12
4 59 10	16	20	21	17	56	13	13
5 3 29	17	21	22	18	47	14	14
5 7 49	18	22	23	19	39	15	15
5 12 9	19	23	24	20	30	16	16
5 16 29	20	24	25	21	22	17	17
5 20 49	21	25	25	22	13	18	18
5 25 9	22	26	26	23	5	18	19
5 29 30	23	27	27	23	57	19	20
5 33 51	24	28	28	24	49	20	21
5 38 12	25	29	29	25	40	21	22
5 42 34	26	♌	♍	26	32	22	22
5 46 55	27	1	1	27	25	23	23
5 51 17	28	2	2	28	16	24	24
5 55 38	29	3	3	29	8	25	25
6 0 0	30	4	4	30	0	26	26

Sidereal Time.	10 ♋	11 ♌	12 ♍	Ascen ♎		2 ♎	3 ♏
H. M. S.	º	º	º	º	'	º	º
6 0 0	0	4	4	0	0	26	26
6 4 22	1	5	5	0	52	27	27
6 8 43	2	6	6	1	44	28	28
6 13 5	3	6	7	2	35	29	29
6 17 26	4	7	8	3	28	♏	♐
6 21 48	5	8	9	4	20	1	1
6 26 9	6	9	10	5	11	2	2
6 30 30	7	10	11	6	3	3	3
6 34 51	8	11	12	6	55	3	4
6 39 11	9	12	13	7	47	4	5
6 43 31	10	13	14	8	38	5	6
6 47 51	11	14	15	9	30	6	7
6 52 11	12	15	15	10	21	7	8
6 56 31	13	16	16	11	13	8	9
7 0 50	14	17	17	12	4	9	10
7 5 8	15	18	18	12	55	10	11
7 9 26	16	19	19	13	46	11	12
7 13 44	17	20	20	14	37	12	13
7 18 1	18	21	21	15	28	13	14
7 22 18	19	22	22	16	19	14	15
7 26 34	20	23	23	17	9	14	16
7 30 50	21	24	23	18	0	15	17
7 35 5	22	25	24	18	50	16	18
7 39 20	23	26	25	19	41	17	19
7 43 34	24	27	26	20	30	18	20
7 47 47	25	28	27	21	20	19	21
7 52 0	26	29	28	22	11	20	22
7 56 12	27	♍	29	23	0	21	23
8 0 24	28	1	♎	23	50	21	24
8 4 35	29	2	1	24	38	22	24
8 8 45	30	3	2	25	28	23	25

Sidereal Time.	10 ♌	11 ♍	12 ♎	Ascen ♎		2 ♏	3 ♐
H. M. S.	º	º	º	º	'	º	º
8 8 45	0	3	2	25	28	23	25
8 12 54	1	4	3	26	17	24	26
8 17 3	2	5	4	27	5	25	27
8 21 11	3	6	5	27	54	26	28
8 25 19	4	7	6	28	43	27	29
8 29 26	5	8	7	29	31	28	♑
8 33 31	6	9	7	0♏	20	28	1
8 37 37	7	10	8	1	8	29	2
8 41 41	8	11	9	1	56	♐	3
8 45 45	9	12	10	2	43	1	4
8 49 48	10	13	11	3	31	2	5
8 53 51	11	14	12	4	18	3	6
8 57 52	12	15	12	5	6	4	7
9 1 53	13	16	13	5	53	5	8
9 5 53	14	17	14	6	40	5	9
9 9 53	15	18	15	7	27	6	10
9 13 52	16	19	16	8	13	7	10
9 17 50	17	20	17	9	0	8	11
9 21 47	18	21	18	9	46	9	12
9 25 44	19	22	19	10	33	10	13
9 29 40	20	23	19	11	19	10	14
9 33 35	21	24	20	12	4	11	15
9 37 29	22	24	21	12	50	12	16
9 41 23	23	25	22	13	36	13	17
9 45 16	24	26	23	14	21	14	18
9 49 9	25	27	24	15	7	15	19
9 53 1	26	28	24	15	52	15	20
9 56 52	27	29	25	16	38	16	21
10 0 43	28	♎	26	17	22	17	22
10 4 33	29	1	27	18	7	18	23
10 8 23	30	2	28	18	52	19	24

Sidereal Time.	10 ♍	11 ♎	12 ♎	Ascen ♏		2 ♐	3 ♑
H. M. S.	º	º	º	º	'	º	º
10 8 23	0	2	28	18	52	19	24
10 12 12	1	3	29	19	36	20	25
10 16 0	2	4	29	20	22	20	26
10 19 48	3	5	♏	21	7	21	27
10 23 35	4	6	1	21	51	22	28
10 27 22	5	7	1	22	35	23	28
10 31 8	6	7	2	23	20	24	29
10 34 54	7	8	3	24	4	25	♒
10 38 40	8	9	4	24	48	25	1
10 42 25	9	10	5	25	33	26	2
10 46 9	10	11	6	26	17	27	3
10 49 53	11	12	7	27	2	28	4
10 53 37	12	13	7	27	46	29	5
10 57 20	13	14	8	28	29	♑	6
11 1 3	14	15	9	29	14	1	7
11 4 46	15	16	10	29	57	1	8
11 8 28	16	17	11	0♐	42	2	9
11 12 10	17	17	11	1	27	3	10
11 15 52	18	18	12	2	10	4	11
11 19 34	19	19	13	2	55	5	12
11 23 15	20	20	14	3	38	6	13
11 26 56	21	21	14	4	23	7	14
11 30 37	22	22	15	5	6	7	15
11 34 18	23	23	16	5	52	8	16
11 37 58	24	23	17	6	36	9	17
11 41 39	25	24	18	7	20	10	18
11 45 19	26	25	18	8	5	11	19
11 49 0	27	26	19	8	48	12	20
11 52 40	28	27	20	9	37	13	22
11 56 20	29	28	21	10	22	14	23
12 0 0	30	29	21	11	7	15	24

TABLES OF HOUSES FOR NEW YORK, Latitude 40º 43' *N.*

Sidereal Time.	10 ♎	11 ♎	12 ♏	Ascen ♐	2 ♑	3 ♒
H. M. S.	°	°	°	° '	°	°
12 0 0	0	29	21	11 7	15	24
12 3 40	1	♏	22	11 52	16	25
12 7 20	2	1	23	12 37	17	26
12 11 0	3	1	24	13 19	17	27
12 14 41	4	2	25	14 7	18	28
12 18 21	5	3	25	14 52	19	29
12 22 2	6	4	26	15 38	20	♓
12 25 42	7	5	27	16 23	21	1
12 29 23	8	6	28	17 11	22	2
12 33 4	9	6	28	17 58	23	3
12 36 45	10	7	29	18 45	24	4
12 40 26	11	8	♐	19 32	25	5
12 44 8	12	9	1	20 20	26	7
12 47 50	13	10	2	21 8	27	8
12 51 32	14	11	2	21 57	28	9
12 55 14	15	12	3	22 43	29	10
12 58 57	16	13	4	23 33	♒	11
13 2 40	17	13	5	24 22	1	12
13 6 23	18	14	6	25 11	2	13
13 10 7	19	15	7	26 1	3	15
13 13 51	20	16	7	26 51	5	16
13 17 35	21	17	8	27 40	6	17
13 21 20	22	18	9	28 32	7	18
13 25 6	23	19	10	29 23	8	19
13 28 52	24	19	10	0♑14	9	20
13 32 38	25	20	11	1 7	10	21
13 36 25	26	21	12	2 0	11	23
13 40 12	27	22	13	2 52	12	24
13 44 0	28	23	13	3 46	13	25
13 47 48	29	24	14	4 41	15	26
13 51 37	30	25	15	5 35	16	27

Sidereal Time.	10 ♏	11 ♏	12 ♐	Ascen ♑	2 ♒	3 ♓
H. M. S.	°	°	°	° '	°	°
13 51 37	0	25	15	5 35	16	27
13 55 27	1	25	16	6 30	17	29
13 59 17	2	26	17	7 27	18	♈
14 3 8	3	27	18	8 23	20	1
14 6 59	4	28	18	9 20	21	2
14 10 51	5	29	19	10 18	22	3
14 14 44	6	♐	20	11 16	23	5
14 18 37	7	1	21	12 15	24	6
14 22 31	8	2	22	13 15	26	7
14 26 25	9	2	23	14 16	27	8
14 30 20	10	3	24	15 17	28	9
14 34 16	11	4	24	16 19	♓	11
14 38 13	12	5	25	17 23	1	12
14 42 10	13	6	26	18 27	2	13
14 46 8	14	7	27	19 32	4	14
14 50 7	15	8	28	20 37	5	16
14 54 7	16	9	29	21 44	6	17
14 58 7	17	10	♑	22 51	8	18
15 2 8	18	10	1	23 59	9	19
15 6 9	19	11	2	25 9	11	20
15 10 12	20	12	3	26 19	12	22
15 14 15	21	13	4	27 31	14	23
15 18 19	22	14	5	28 43	15	24
15 22 23	23	15	6	29 57	16	25
15 26 29	24	16	6	1♒14	18	26
15 30 35	25	17	7	2 28	19	28
15 34 41	26	18	8	3 46	21	29
15 38 49	27	19	9	5 5	22	♉
15 42 57	28	20	10	6 25	24	1
15 47 6	29	21	11	7 46	25	3
15 51 15	30	21	13	9 8	27	4

Sidereal Time.	10 ♐	11 ♐	12 ♑	Ascen ♒	2 ♓	3 ♉
H. M. S.	°	°	°	° '	°	°
15 51 15	0	21	13	9 8	27	4
15 55 25	1	22	14	10 31	28	5
15 59 36	2	23	15	11 56	♈	6
16 3 48	3	24	16	13 23	1	7
16 8 0	4	25	17	14 50	3	9
16 12 13	5	26	18	16 9	4	10
16 16 26	6	27	19	17 50	6	11
16 20 40	7	28	20	19 22	7	12
16 24 55	8	29	21	20 56	9	13
16 29 10	9	♑	22	22 30	11	15
16 33 26	10	1	23	24 7	12	16
16 37 42	11	2	24	25 44	14	17
16 41 59	12	3	26	27 23	15	18
16 46 16	13	4	27	29 4	17	19
16 50 34	14	5	28	0♓45	18	20
16 54 52	15	6	29	2 27	20	22
16 59 10	16	7	♒	4 11	21	23
17 3 29	17	8	2	5 56	23	24
17 7 49	18	9	3	7 43	24	25
17 12 9	19	10	4	9 30	26	26
17 16 29	20	11	5	11 18	27	27
17 20 49	21	12	7	13 8	29	28
17 25 9	22	13	8	14 57	♉	♊
17 29 30	23	14	9	16 48	2	1
17 33 51	24	15	10	18 41	3	2
17 38 12	25	16	12	20 33	5	3
17 42 34	26	17	13	22 25	6	4
17 46 55	27	19	14	24 19	7	5
17 51 17	28	20	16	26 12	9	6
17 55 38	29	21	17	28 7	10	7
18 0 0	30	22	18	30 0	12	9

Sidereal Time.	10 ♑	11 ♑	12 ♒	Ascen ♈	2 ♉	3 ♊
H. M. S.	°	°	°	° '	°	°
18 0 0	0	22	18	0 0	12	9
18 4 22	1	23	20	1 53	13	10
18 8 43	2	24	21	3 48	14	11
18 13 5	3	25	23	5 41	16	12
18 17 26	4	26	24	7 35	17	13
18 21 48	5	27	25	9 27	18	14
18 26 9	6	28	27	11 19	20	15
18 30 30	7	29	28	13 12	21	16
18 34 51	8	♒	♓	15 3	22	17
18 39 11	9	2	1	16 52	23	18
18 43 31	10	3	3	18 42	25	19
18 47 51	11	4	4	20 30	26	20
18 52 11	12	5	5	22 17	27	21
18 56 31	13	6	7	24 4	29	22
19 0 50	14	7	9	25 49	♊	23
19 5 8	15	9	10	27 33	1	24
19 9 26	16	10	12	29 15	2	25
19 13 44	17	11	13	0♉56	3	26
19 18 1	18	12	15	2 37	4	27
19 22 18	19	13	16	4 16	6	28
19 26 34	20	14	18	5 53	7	29
19 30 50	21	16	19	7 30	8	♋
19 35 5	22	17	21	9 4	9	1
19 39 20	23	18	22	10 38	10	2
19 43 34	24	19	24	12 10	11	3
19 47 47	25	20	25	13 41	12	4
19 52 0	26	21	27	15 10	13	5
19 56 12	27	23	29	16 37	14	6
20 0 24	28	24	♈	18 4	15	7
20 4 35	29	25	2	19 29	16	8
20 8 45	30	26	3	20 52	17	9

Sidereal Time.	10 ♒	11 ♒	12 ♈	Ascen ♉	2 ♊	3 ♋
H. M. S.	°	°	°	° '	°	°
20 8 45	0	26	3	20 52	17	9
20 12 54	1	27	5	22 14	18	9
20 17 3	2	29	6	23 35	19	10
20 21 11	3	♓	8	24 55	20	11
20 25 19	4	1	9	26 14	21	12
20 29 26	5	2	11	27 32	22	13
20 33 31	6	3	12	28 46	23	14
20 37 37	7	5	14	0♊ 3	24	15
20 41 41	8	6	15	1 17	25	16
20 45 45	9	7	16	2 29	26	17
20 49 48	10	8	18	3 41	27	18
20 53 51	11	10	19	4 51	28	19
20 57 52	12	11	21	6 1	29	20
21 1 53	13	12	22	7 9	♋	20
21 5 53	14	13	24	8 16	1	21
21 9 53	15	14	25	9 23	2	22
21 13 52	16	16	26	10 30	3	23
21 17 50	17	17	28	11 33	4	24
21 21 47	18	18	29	12 37	5	25
21 25 44	19	19	♉	13 41	6	26
21 29 40	20	21	2	14 43	6	27
21 33 35	21	22	3	15 44	7	28
21 37 29	22	23	4	16 45	8	28
21 41 23	23	24	6	17 45	9	29
21 45 16	24	25	7	18 44	10	♌
21 49 9	25	27	8	19 42	11	1
21 53 1	26	28	9	20 40	12	2
21 56 52	27	29	11	21 37	12	3
22 0 43	28	♈	12	22 33	13	4
22 4 33	29	1	13	23 30	14	5
22 8 23	30	3	14	24 25	15	5

Sidereal Time.	10 ♓	11 ♈	12 ♉	Ascen ♊	2 ♋	3 ♌
H. M. S.	°	°	°	° '	°	°
22 8 23	0	3	14	24 25	15	5
22 12 12	1	4	15	25 19	16	6
22 16 0	2	5	17	26 14	17	7
22 19 48	3	6	18	27 8	17	8
22 23 35	4	7	19	28 0	18	9
22 27 22	5	8	20	28 53	19	10
22 31 8	6	10	21	29 46	20	11
22 34 54	7	11	22	0♋37	21	11
22 38 40	8	12	23	1 28	21	12
22 42 25	9	13	24	2 20	22	13
22 46 9	10	14	25	3 9	23	14
22 49 53	11	15	27	3 59	24	15
22 53 37	12	17	28	4 49	24	16
22 57 20	13	18	29	5 38	25	17
23 1 3	14	19	♊	6 27	26	17
23 4 46	15	20	1	7 17	27	18
23 8 28	16	21	2	8 3	28	19
23 12 10	17	22	3	8 52	28	20
23 15 52	18	23	4	9 40	29	21
23 19 34	19	24	5	10 28	♌	22
23 23 15	20	26	6	11 15	1	23
23 26 56	21	27	7	12 2	2	23
23 30 37	22	28	8	12 49	2	24
23 34 18	23	29	9	13 37	3	25
23 37 58	24	♉	10	14 22	4	26
23 41 39	25	1	11	15 8	5	27
23 45 19	26	2	12	15 53	5	28
23 49 0	27	3	12	16 41	6	29
23 52 40	28	4	13	17 23	7	29
23 56 20	29	5	14	18 8	8	♍
24 0 0	30	6	15	18 53	9	1

PROPORTIONAL LOGARITHMS FOR FINDING THE PLANETS' PLACES

Min	DEGREES OR HOURS																Min
	0	1	2	3	4	5	6	7	8	9	10	11	12	13	14	15	
0	3.1584	1.3802	1.0792	9031	7781	6812	6021	5351	4771	4260	3802	3388	3010	2663	2341	2041	**0**
1	3.1584	1.3730	1.0756	9007	7763	6798	6009	5341	4762	4252	3795	3382	3004	2657	2336	2036	**1**
2	2.8573	1.3660	1.0720	8983	7745	6784	5997	5330	4753	4244	3788	3375	2998	2652	2330	2032	**2**
3	2.6812	1.3590	1.0685	8959	7728	6769	5985	5320	4744	4236	3780	3368	2992	2646	2325	2027	**3**
4	2.5563	1.3522	1.0649	8935	7710	6755	5973	5310	4735	4228	3773	3362	2986	2640	2320	2022	**4**
5	2.4594	1.3454	1.0614	8912	7692	6741	5961	5300	4726	4220	3766	3355	2980	2635	2315	2017	**5**
6	2.3802	1.3388	1.0580	8888	7674	6726	5949	5289	4717	4212	3759	3349	2974	2629	2310	2012	**6**
7	2.3133	1.3323	1.0546	8865	7657	6712	5937	5279	4708	4204	3752	3342	2968	2624	2305	2008	**7**
8	2.2553	1.3258	1.0511	8842	7639	6698	5925	5269	4699	4196	3745	3336	2962	2618	2300	2003	**8**
9	2.2041	1.3195	1.0478	8819	7622	6684	5913	5259	4690	4188	3737	3329	2956	2613	2295	1998	**9**
10	2.1584	1.3133	1.0444	8796	7604	6670	5902	5249	4682	4180	3730	3323	2950	2607	2289	1993	**10**
11	2.1170	1.3071	1.0411	8773	7587	6656	5890	5239	4673	4172	3723	3316	2944	2602	2284	1988	**11**
12	2.0792	1.3010	1.0378	8751	7570	6642	5878	5229	4664	4164	3716	3310	2938	2596	2279	1984	**12**
13	2.0444	1.2950	1.0345	8728	7552	6628	5866	5219	4655	4156	3709	3303	2933	2591	2274	1979	**13**
14	2.0122	1.2891	1.0313	8706	7535	6614	5855	5209	4646	4148	3702	3297	2927	2585	2269	1974	**14**
15	1.9823	1.2833	1.0280	8683	7518	6600	5843	5199	4638	4141	3695	3291	2921	2580	2264	1969	**15**
16	1.9542	1.2775	1.0248	8661	7501	6587	5832	5189	4629	4133	3688	3284	2915	2574	2259	1965	**16**
17	1.9279	1.2719	1.0216	8639	7484	6573	5820	5179	4620	4125	3681	3278	2909	2569	2254	1960	**17**
18	1.9031	1.2663	1.0185	8617	7467	6559	5809	5169	4611	4117	3674	3271	2903	2564	2249	1955	**18**
19	1.8796	1.2607	1.0153	8595	7451	6546	5797	5159	4603	4109	3667	3265	2897	2558	2244	1950	**19**
20	1.8573	1.2553	1.0122	8573	7434	6532	5786	5149	4594	4102	3660	3258	2891	2553	2239	1946	**20**
21	1.8361	1.2499	1.0091	8552	7417	6519	5774	5139	4585	4094	3653	3252	2885	2547	2234	1941	**21**
22	1.8159	1.2445	1.0061	8530	7401	6505	5763	5129	4577	4086	3646	3246	2880	2542	2229	1936	**22**
23	1.7966	1.2393	1.0030	8509	7384	6492	5752	5120	4568	4079	3639	3239	2874	2536	2223	1932	**23**
24	1.7781	1.2341	1.0000	8487	7368	6478	5740	5110	4559	4071	3632	3233	2868	2531	2218	1927	**24**
25	1.7604	1.2289	0.9970	8466	7351	6465	5729	5100	4551	4063	3625	3227	2862	2526	2213	1922	**25**
26	1.7434	1.2239	0.9940	8445	7335	6451	5718	5090	4542	4055	3618	3220	2856	2520	2208	1917	**26**
27	1.7270	1.2188	0.9910	8424	7318	6438	5706	5081	4534	4048	3611	3214	2850	2515	2203	1913	**27**
28	1.7112	1.2139	0.9881	8403	7302	6425	5695	5071	4525	4040	3604	3208	2845	2509	2198	1908	**28**
29	1.6960	1.2090	0.9852	8382	7286	6412	5684	5061	4516	4032	3597	3201	2839	2504	2193	1903	**29**
30	1.6812	1.2041	0.9823	8361	7270	6398	5673	5051	4508	4025	3590	3195	2833	2499	2188	1899	**30**
31	1.6670	1.1993	0.9794	8341	7254	6385	5662	5042	4499	4017	3583	3189	2827	2493	2183	1894	**31**
32	1.6532	1.1946	0.9765	8320	7238	6372	5651	5032	4491	4010	3576	3183	2821	2488	2178	1889	**32**
33	1.6398	1.1899	0.9737	8300	7222	6359	5640	5023	4482	4002	3570	3176	2816	2483	2173	1885	**33**
34	1.6269	1.1852	0.9708	8279	7206	6346	5629	5013	4474	3994	3563	3170	2810	2477	2168	1880	**34**
35	1.6143	1.1806	0.9680	8259	7190	6333	5618	5003	4466	3987	3556	3164	2804	2472	2164	1875	**35**
36	1.6021	1.1761	0.9652	8239	7174	6320	5607	4994	4457	3979	3549	3157	2798	2467	2159	1871	**36**
37	1.5902	1.1716	0.9625	8219	7159	6307	5596	4984	4449	3972	3542	3151	2793	2461	2154	1866	**37**
38	1.5786	1.1671	0.9597	8199	7143	6294	5585	4975	4440	3964	3535	3145	2787	2456	2149	1862	**38**
39	1.5673	1.1627	0.9570	8179	7128	6282	5574	4965	4432	3957	3529	3139	2781	2451	2144	1857	**39**
40	1.5563	1.1584	0.9542	8159	7112	6269	5563	4956	4424	3949	3522	3133	2775	2445	2139	1852	**40**
41	1.5456	1.1540	0.9515	8140	7097	6256	5552	4947	4415	3942	3515	3126	2770	2440	2134	1848	**41**
42	1.5351	1.1498	0.9488	8120	7081	6243	5541	4937	4407	3934	3508	3120	2764	2435	2129	1843	**42**
43	1.5249	1.1455	0.9462	8101	7066	6231	5531	4928	4399	3927	3501	3114	2758	2430	2124	1838	**43**
44	1.5149	1.1413	0.9435	8081	7050	6218	5520	4918	4390	3919	3495	3108	2753	2424	2119	1834	**44**
45	1.5051	1.1372	0.9409	8062	7035	6205	5509	4909	4382	3912	3488	3102	2747	2419	2114	1829	**45**
46	1.4956	1.1331	0.9383	8043	7020	6193	5498	4900	4374	3905	3481	3096	2741	2414	2109	1825	**46**
47	1.4863	1.1290	0.9356	8023	7005	6180	5488	4890	4365	3897	3475	3089	2736	2409	2104	1820	**47**
48	1.4771	1.1249	0.9330	8004	6990	6168	5477	4881	4357	3890	3468	3083	2730	2403	2099	1816	**48**
49	1.4682	1.1209	0.9305	7985	6975	6155	5466	4872	4349	3882	3461	3077	2724	2398	2095	1811	**49**
50	1.4594	1.1170	0.9279	7966	6960	6143	5456	4863	4341	3875	3454	3071	2719	2393	2090	1806	**50**
51	1.4508	1.1130	0.9254	7947	6945	6131	5445	4853	4333	3868	3448	3065	2713	2388	2085	1802	**51**
52	1.4424	1.1091	0.9228	7929	6930	6118	5435	4844	4324	3860	3441	3059	2707	2382	2080	1797	**52**
53	1.4341	1.1053	0.9203	7910	6915	6106	5424	4835	4316	3853	3434	3053	2702	2377	2075	1793	**53**
54	1.4260	1.1015	0.9178	7891	6900	6094	5414	4826	4308	3846	3428	3047	2696	2372	2070	1788	**54**
55	1.4180	1.0977	0.9153	7873	6885	6081	5403	4817	4300	3838	3421	3041	2691	2367	2065	1784	**55**
56	1.4102	1.0939	0.9128	7854	6871	6069	5393	4808	4292	3831	3415	3034	2685	2362	2061	1779	**56**
57	1.4025	1.0902	0.9104	7836	6856	6057	5382	4798	4284	3824	3408	3028	2679	2356	2056	1774	**57**
58	1.3949	1.0865	0.9079	7818	6841	6045	5372	4789	4276	3817	3401	3022	2674	2351	2051	1770	**58**
59	1.3875	1.0828	0.9055	7800	6827	6033	5361	4780	4268	3809	3395	3016	2668	2346	2046	1765	**59**
	0	1	2	3	4	5	6	7	8	9	10	11	12	13	14	15	

RULE: – Add proportional log. of planet's daily motion to log. of time from noon, and the sum will be the log. of the motion required. Add this to planet's place at noon, if time be p.m., but subtract if a.m., and the sum will be planet's true place. If Retrograde, subtract for p.m., but add for a.m.

What is the Long. of ☽ September 12, 2001 at 2.15 p.m.?

☽'s daily motion – 14º 12'

Prop. Log. of 14º 12' 2279

Prop. Log. of 2h. 15m. 1.0280

☽'s motion in 2h. 15m. = 1º 20' or Log. 1.2559

☽'s Long. = 11° ♋ 25' + 1° 20' = 12° ♋ 45'

The Daily Motions of the Sun, Moon, Mercury, Venus and Mars will be found on pages 26 to 28.